烤烟栽培技术

主　编
郭月清

编著者
（以姓氏笔画为序）
刘国顺　杨铁钊　宫长荣
赵献章　郭月清　韩富根

本书被评为'97全国农村青年最喜爱的科普读物

金盾出版社

内 容 提 要

本书由河南农业大学烟草系专家编著。内容包括：烤烟品种与良种繁育，烤烟的生长发育与环境、烤烟的产量与质量、培育壮苗、烤烟大田施肥、烤烟的选地、移栽和密度、大田管理、烤烟采收与烘烤、烤烟分级等。内容通俗易懂，技术先进，着重实用。适合广大烟农、烟草栽培及烘烤科技人员、农校有关专业师生使用。

图书在版编目(CIP)数据

烤烟栽培技术/郭月清主编．—北京：金盾出版社，1992.7(2019.3 重印)

ISBN 978-7-80022-438-6

Ⅰ.①烤…　Ⅱ.①郭…　Ⅲ.①烟草—栽培　Ⅳ.①S572

金盾出版社出版、总发行

北京太平路5号(地铁万寿路站往南)

邮政编码:100036　电话:68214039　83219215

传真:68276683　网址:www.jdcbs.cn

北京军迪印刷有限责任公司印刷、装订

各地新华书店经销

开本:787×1092 1/32　印张:8.5　字数:187千字

2019年3月第1版第18次印刷

印数:167 001～170 000册　定价:25.00元

目　录

第一章　烤烟品种与良种繁育 ………………………… (1)
第一节　品种 ……………………………………… (1)
一、品种的概念………………………………… (1)
二、优良品种在烟叶生产中的作用……………… (1)
三、我国烤烟品种的发展历史…………………… (2)
第二节　育种方法 ………………………………… (3)
一、系统育种法………………………………… (3)
二、杂交育种法………………………………… (5)
三、杂交种的选育方法…………………………… (7)
第三节　良种繁育 ………………………………… (9)
一、良种繁育的任务与指导方针………………… (9)
二、良种繁育的程序与方法……………………… (11)
第四节　良种介绍 ………………………………… (18)
N_{C89} ……………………………………………… (18)
G_{80} ……………………………………………… (19)
K_{326} ……………………………………………… (19)
红花大金元 ……………………………………… (20)
N_{C82} ……………………………………………… (21)
G_{140} ……………………………………………… (21)
G_{28} ……………………………………………… (22)
长脖黄 …………………………………………… (22)
第二章　烤烟的生长发育与环境 ……………………… (23)
第一节　烤烟的形态特征与特性 ………………… (23)

一、根…………………………………………………………（23）
二、茎…………………………………………………………（25）
三、叶…………………………………………………………（27）
四、花…………………………………………………………（33）
五、果实………………………………………………………（34）
六、种子………………………………………………………（35）
第二节　烤烟的生长发育 ……………………………………（36）
一、种子播种以前的变化……………………………………（36）
二、种子的萌发………………………………………………（37）
三、幼苗的生长………………………………………………（39）
四、大田期植株的生长………………………………………（40）
五、花序的生长………………………………………………（43）
六、根、茎、叶生长的相关性………………………………（44）
第三节　环境条件对烤烟生长发育的影响 …………………（45）
一、对幼苗生长的影响………………………………………（45）
二、对大田期生长发育的影响………………………………（46）
第三章　烤烟的产量与质量 ………………………………（53）
第一节　产量 …………………………………………………（53）
第二节　质量 …………………………………………………（54）
一、内在质量…………………………………………………（54）
二、外观品质…………………………………………………（56）
三、安全性……………………………………………………（57）
第三节　产量与质量的关系 …………………………………（58）
第四章　培育壮苗 …………………………………………（58）
第一节　育苗的要求 …………………………………………（58）
一、壮苗………………………………………………………（59）
二、适时………………………………………………………（60）

三、足数……………………………………………………（60）
四、苗齐……………………………………………………（60）
第二节　育苗方式的选择 …………………………………（61）
一、平畦育苗………………………………………………（61）
二、高畦育苗………………………………………………（61）
三、划块育苗………………………………………………（61）
四、营养袋育苗……………………………………………（62）
五、营养钵育苗……………………………………………（63）
六、塑料格盘育苗…………………………………………（63）
第三节　播前准备与播种 …………………………………（64）
一、播前准备………………………………………………（64）
二、播种……………………………………………………（70）
第四节　苗床期的生育特点 ………………………………（72）
一、出苗期…………………………………………………（72）
二、十字期…………………………………………………（73）
三、生根期…………………………………………………（73）
四、成苗期…………………………………………………（74）
第五节　苗床管理 …………………………………………（74）
一、塑料薄膜管理…………………………………………（74）
二、间苗、定苗、除草和假植……………………………（75）
三、苗床供水………………………………………………（76）
四、追肥……………………………………………………（76）
五、炼苗……………………………………………………（77）
六、防病治虫………………………………………………（78）
第五章　烤烟大田施肥 …………………………………（78）
第一节　不同肥料及用量对烤烟的影响 …………………（79）
一、氮肥用量、形态和种类对烤烟的影响 ………………（79）

二、磷肥用量对烤烟的影响……………………………（85）
三、钾肥用量对烤烟的影响……………………………（87）
第二节 烤烟的吸肥规律 ………………………………（89）
一、烤烟干物质的积累规律……………………………（89）
二、烤烟对氮、磷、钾的吸收规律……………………（91）
第三节 烤烟施肥技术 …………………………………（93）
一、确定施肥量的依据…………………………………（93）
二、肥料混配和施肥时机………………………………（94）
三、施肥方法……………………………………………（96）
第六章 烤烟的选地、移栽和移栽密度……………………（97）
第一节 选地与整地 ……………………………………（97）
一、选地与合理布局……………………………………（97）
二、整地 ………………………………………………（100）
第二节 移栽……………………………………………（104）
一、确定移栽期的条件 ………………………………（104）
二、移栽适宜期 ………………………………………（106）
三、移栽技术 …………………………………………（107）
四、地膜覆盖 …………………………………………（109）
第三节 合理的移栽密度………………………………（110）
一、密度对田间小气候的影响 ………………………（110）
二、密度对烟草生长发育的影响 ……………………（111）
三、密度对烟叶产量、品质的影响……………………（112）
四、确定合理的群体结构 ……………………………（112）
第七章 大田管理………………………………………（113）
第一节 大田期烤烟的生长发育特点与管理要点
……………………………………………………………（113）
一、还苗期的生育特点与管理要点 …………………（114）

二、伸根期的生育特点与管理要点 ………………(114)
三、旺长期的生育特点与管理要点 ………………(115)
四、成熟期的生育特点与管理要点 ………………(116)
第二节　大田保苗……………………………………(116)
一、浇足定根水 ……………………………………(117)
二、查苗补缺 ………………………………………(117)
三、防治虫害 ………………………………………(117)
四、地膜覆盖,减少蒸发……………………………(117)
五、小苗偏管 ………………………………………(117)
第三节　中耕培土……………………………………(117)
一、中耕 ……………………………………………(117)
二、培土 ……………………………………………(119)
第四节　烟田灌溉与排水……………………………(121)
一、灌溉 ……………………………………………(122)
二、排水 ……………………………………………(126)
第五节　打顶抹杈……………………………………(126)
一、打顶抹杈的作用 ………………………………(126)
二、打顶技术 ………………………………………(127)
三、抹杈技术 ………………………………………(128)
第六节　大田期主要病虫害及其防治………………(132)
一、虫害防治 ………………………………………(132)
二、病害防治 ………………………………………(134)
第八章　烤烟采收与烘烤…………………………(142)
第一节　烟叶成熟采收和烤前处理…………………(142)
一、烟叶成熟与成熟度 ……………………………(142)
二、成熟的外观特征 ………………………………(156)
三、采收 ……………………………………………(159)

四、编竿和装炕 …………………………………………… (165)
第二节　烟叶烘烤的概念和原理………………………… (169)
一、烘烤的概念 …………………………………………… (169)
二、烘烤的基本原理 ……………………………………… (172)
第三节　烟叶烘烤工艺……………………………………… (180)
一、烟叶烘烤特性 ………………………………………… (180)
二、烟叶在烘烤中的变黄规律及不同类型烟叶的
变黄标准 …………………………………………… (181)
三、烟叶烘烤各时期的环境条件 ……………………… (182)
四、传统烘烤工艺 ………………………………………… (183)
五、三阶梯烘烤工艺 ……………………………………… (192)
六、五阶梯烘烤工艺 ……………………………………… (194)
七、几种不同类型烟叶的烘烤 ………………………… (197)
八、烟叶烘烤的原则 ……………………………………… (207)
九、烤坏烟的现象和原因 ………………………………… (208)
第四节　烤房的修建………………………………………… (213)
一、气流上升式烤房的温湿度和气流规律 ……… (213)
二、气流上升式烤房的类型和基本要求 ………… (215)
三、气流上升式烤房的建造 …………………………… (218)
第九章　烤烟分级…………………………………………… (230)
第一节　分级概述…………………………………………… (230)
一、分类 ……………………………………………………… (230)
二、分型 ……………………………………………………… (230)
三、分组 ……………………………………………………… (230)
四、分级 ……………………………………………………… (233)
第二节　15 级制国家烤烟分级标准 ………………… (234)
一、分组 ……………………………………………………… (234)

二、分级 …………………………………………………… (234)
三、各等级品质规定 ……………………………………… (235)
四、分级因素的区分 ……………………………………… (235)
五、烤烟规格 ……………………………………………… (242)
六、实物样品 ……………………………………………… (245)
七、包装、标志、运输和保管 …………………………… (246)
第三节 40级制国家烤烟分级标准 ……………………… (248)
一、分组 …………………………………………………… (248)
二、分级 …………………………………………………… (249)
三、验收规则 ……………………………………………… (255)
四、验收规格 ……………………………………………… (256)
五、检验方法 ……………………………………………… (257)
六、包装、标志、运输、保管…………………………… (257)
七、40级制国家烤烟标准的优点 ……………………… (258)
八、推行40级制国家烤烟标准应注意的问题…… (259)
主要参考文献……………………………………………… (260)

第一章　烤烟品种与良种繁育

第一节　品　　种

一、品种的概念　品种是一种重要的农业生产资料。优良品种之所以广为种植，是因为它具有高产、稳产、优质等特点。

品种的推广有地区性，并要求一定的栽培条件。烟草品种是在一定的生态条件下形成的，它的生长发育也要求一定的生态条件。不同品种的适应性是不同的，没有一个烟草品种能适应所有的地区。为保证烟叶稳产丰产，应作好品种搭配，因地制宜地推广良种。

品种的利用有时间性。任何品种在生产上被利用的年限都是有限的。随着生产水平的不断提高，烟叶生产对品种的要求也在不断提高，原有的品种不能满足生产的要求就会被淘汰。因此，必须不断地选育新品种，保证品种的及时更换。

二、优良品种在烟叶生产中的作用

（一）提高品质：优良品种在提高烟叶品质方面，起着十分重要的作用。60～70年代，我国烟叶生产由于片面地追求产量的提高，推广种植了一批高产品种，但烟叶内在化学成分不协调，致使烟叶品质下降，卷烟的香吃味变劣。80年代初期，我国在烤烟生产上推广了一批优质烤烟品种，烟叶内各种化学成分间的比例协调，烤烟的质量大幅度提高，上等烟比例不断上升，卷烟的香吃味有明显改善，“两烟”(原烟、卷烟)的出口量也逐年增加。

（二）增加效益：烟草是经济作物，优良品种的推广种植，对增加单位面积的经济效益，也有十分重要的作用。据报道，1984年在全国范围内推广优良烤烟品种，当年就收到了良好的效果。烤烟生产在质量和产量上显著地超过1983年水平，农民的直接收入比1983年增加6亿多元，烟叶和卷烟税利增加5亿多元。

（三）增强抗逆性：优良品种有抵抗烟草病虫害和不良环境因素的作用，尤其是在抗病方面表现更为突出。许多烟草病害单靠药剂防治不但效果较差，而且成本高、有残毒，利用抗病品种防治病害既不增加投入，又能收到良好的效果。例如50年代初期，黄淮烟区曾因烟草黑胫病大发生，使烤烟生产受到严重的影响。后来，在生产上推广种植了一批抗病的优良品种，有效地控制了烟草黑胫病的蔓延。

三、我国烤烟品种的发展历史 建国以来，随着烟叶生产和卷烟工业的发展，在烤烟品种方面先后经历了两次大规模的品种更换。第一次是在60年代初，以产量高、品质差、抗病的品种，取代了优质、低产、感病的品种；第二次是在80年代初，以优质、稳产、抗病的品种，取代了高产、质量差的品种。品种的更换是我国不同时期烤烟生产特点的主要标志。50年代，我国烤烟生产发展比较缓慢，生产上种植的品种也较多，但大多数是品质好、单株叶数较少的品种。进入60年代以后，由于卷烟工业的发展，烟叶生产不能满足市场的需要，高产品种相继而生，生产上种植叶数较多的品种，面积不断扩大，如河南种植的偏筋黄、乔庄多叶、千斤黄等；山东种植的金星6007、潘元黄、山东多叶等；云南种植的寸茎烟、中卫1号、云南多叶等品种。这类品种，单株叶数较多，产量高，叶小叶薄，品质差。这些品种的推广，对解决当时烟叶原料不足起了很大的作用，但是导致烟叶品质下降。80年代初期，国内烤烟原料生产相对过剩，国际市场原料竞争激烈，对烟叶质量的要求越来越高，高产劣质品种已不能适应新形势的要求，优质抗病品种迅速增加。目前生产上种植的主要烤烟优良品种有N_{C89}、N_{C82}、G_{80}、G_{28}、K_{326}、G_{140}、红花大金元、长脖黄、永定1号等。这些优良品种的推广种植，对提高我国烤烟质量，稳定产量，增加效益，发挥了重要的作用。

第二节　育种方法

新品种的选育是烤烟生产的一项基础工作。建国以来，在广大科技人员和烟农的共同努力下，选育出了120多个烤烟品种和杂交种。但目前，生产上仍迫切需要优质、抗病、丰产、适应性强的烤烟新品种。

烤烟新品种选育主要有以下几种方法：

一、系统育种法　系统育种法是从现有的品种群体中，选择优良的变异单株，而后按单株分别脱粒和播种，通过比较鉴定，选优去劣，育成新品种的方法。利用此方法育成的新品种，实际上是由一个优良变异单株而形成的一个系统（群体），故称之为系统育种法。

系统育种是烤烟新品种选育常用的方法之一。如长脖黄、红花大金元、金星6007等均是采用此法育成的。因为，在一个烤烟品种连续种植使用的过程中，由于各种因素的影响，会引起品种产生变异，这种变异称之为自然变异。选择符合育种目标要求的优良变异单株，培育成新品种，是一种优中选优、简单有效的育种方法。利用系统育种法选育新品种一般有以下5个步骤。

（一）大田选株：一般认为，在生产上大面积栽培的品种中，或在新推广的品种中，进行选择最为有效。因为大面积种植的品种，一般是当地较好的品种，具有较多的优良性状和较强的适应性，由于广泛种植和各地生产条件的不同等因素，容易产生新的变异。针对某个品种存在的一、二个缺点，有目的地选择在该性状方面的优良变异单株，克服缺点，而其他性状保持原来的水平，其意义就是对该品种的改良。但选择时应注意不要在品种混杂的地块和地力不一致的地块选，以免误选。选择的数量可根据情况而定，若变异类型表现突出，有几株就选几株；若变异类型的表现不太明显，可多选几株，第二年进行比较鉴定。

（二）株行试验：将上年当选的单株种子，分别育苗、移栽，种成株行，一般每株行种植 50 株以上。在株行试验中设置对照小区，对照品种可选用原品种或当地的当家品种。株行试验的目的，是鉴定上年入选的单株是否优良，若不符合要求即可淘汰，选优良的株行留种。若优良的株行内，在主要性状方面表现还不一致，可继续进行单株选择；若基本一致，可混合收种。

（三）品系比较试验：对表现优良且已稳定的株行，可升入品系比较试验，进行较精确的全面的比较鉴定。品系比较试验，按随机区组方法设计，重复 3～4 次。该试验一般进行两年以上，评选出优良品系准备参加区域试验。

（四）区域试验和生产试验：区域试验一般由省级单位组织进行，参试材料由各育种单位和个人提供。区域试验的目的，是对参试品系进一步选拔，确定其利用价值和适宜的种植范围。在区域试验的同时，可对新品系进行小面积生产示范试验，了解新品系的栽培、烘烤等特点，为品种审定和推广做好准备。

（五）品种审定和推广：在区域试验和生产示范试验中表

现优良，在品质、产量、抗逆性等方面符合生产要求，并比对照品种在某些方面有明显提高的新品系，可报品种审定委员会审定。审定合格并批准后方可定名，作为新品种在生产上大面积推广。

二、杂交育种法 利用两个或多个遗传性不同的亲本进行有性杂交，通过对杂种后代的连续选择，可以实现不同亲本间优良性状的结合或某些性状的改良和提高，进而选育出新的烤烟品种，此法称为杂交育种法。若选用亲缘关系较近的品种进行有性杂交，如烤烟品种×烤烟品种，烤烟品种×晒烟品种等，称为品种间杂交。若选用亲缘关系较远的材料杂交，如普通烟草×黄花烟草等，称为远缘杂交。若用 A 亲本与 B 亲本杂交，杂交后代再与双亲之一杂交，称之为回交。若用两个以上遗传性不同的亲本杂交，称之为复交。无论采用哪种方式杂交，均包括 3 个主要环节。

（一）亲本选配：亲本选配是杂交育种成败的关键。亲本选配得当，就容易选育出新品种，有时甚至可以从一个杂交组合中选育出多个具有不同特点的新品种。若选配不当，则很难选育出好的品种。这里以品种间杂交为例，简要介绍亲本选配的一些原则和方法。

第一，亲本的优点多、缺点少，亲本间主要性状的优缺点能相互弥补。烤烟许多经济性状，如单叶重、产量、烟碱含量等，大都是数量遗传性状。若亲本的优点多，杂种后代的表现总趋势相对较好，出现优良变异类型的机率较高。优点多，不等于亲本没有缺点，但应注意，亲本间不可有相同的缺点，否则要克服这个缺点就难以办到。有时为了在某一性状方面有所突破（如提高烟碱含量），还要选用两亲都较好（如两亲烟碱含量都较高）的材料进行杂交。

第二，选用当地推广的优良品种作为亲本之一。这样育成的新品种一般具有较强的地区适应性和较好的综合性状。

第三，选择遗传差异较大的材料作亲本进行杂交，有利于扩大杂种后代的变异范围，有可能选育出具有特殊利用价值的新类型或新品种。

当亲本选配方案确定之后，可在烤烟盛花期进行杂交。杂交的方法是：首先在母本植株上选择花冠未开放或将要开放的花朵（其余蕾、花、果全部去掉）进行去雄。花朵内有5个雄蕊，只要其中之一的花药已经张开，该花朵就不可利用。去雄后可立即采集父本花粉，即选父本植株上花冠开放不久、花药刚裂开、花粉呈黄色的花朵，将其花粉授在母本花朵的柱头上。一般1个杂交组合要做10个以上的花朵。杂交后要在花序上加套纸袋，防止串粉，并要挂牌，标明杂交名称、日期等。

（二）杂种后代的种植与选择：杂种后代的处理一般采用系谱法。具体过程如下：

1. 杂种一代（F_1）：若两个亲本杂交，F_1 群体在性状上表现一致，一般不进行单株选择，只种植20～40株即可。

2. 杂种二代（F_2）：该世代是性状开始强烈分离的世代，因此，种植的群体要大一点，一般种植200～300株。同时还要种植亲本和对照品种，以利于单株选择时进行比较。根据育种目标的要求，选择优良的变异单株，套袋留种，并给予编号。

3. 杂种三代（F_3）：F_2 入选的单株种成株行，每个株行为一区，每区100株以上，1个组合的入选单株种在一起。同时还要种对照品种。F_3 株行内性状仍有分离，还要根据育种目标的要求，进行单株选择，其方法与 F_2 基本相同，差别在于选择的标准更加严格，必要时可进行单株的质量鉴定。

4. 杂种四代（F_4）及以后世代：F_4 及以后世代的种植方法

与F_3相似，只是F_4以后性状的分离程度较小，株行内种植的数量也可相应减少，一般50株左右即可。F_4以后有些株行的性状表现，可能基本一致，可以对此进行综合评定，选择优良的株行进入品系鉴定。但大多数株行仍有分离，还要继续选单株，加速稳定。待性状稳定后再进行综合评定，选优良的株行，上升为品系进行鉴定。

5. 品系鉴定：品系鉴定是对入选的新品系进行初步的比较。因材料较多，一般每个材料的种植面积较小，有时也不设重复，采用间比法与对照品种进行比较，淘汰低劣于对照品种的品系，选拔出优良的品系进入品系比较试验。

（三）品系比较试验、区域试验及审定推广：品系比较试验及以后的工作与系统育种法相同。

杂交育种法，是目前国内外烤烟新品种选育应用最普遍，成效最显著的方法。因为它可以有目的地创造变异，把不同亲本品种的优点集为一体，选育出超过亲本的新品种。但是，由于杂种后代性状的分离会持续多代，要选育出一个遗传性稳定的新品种，往往需要花费10年甚至更长的时间。为了加快育种进程，缩短育种年限，在近代的烤烟育种中，常采用南繁北育措施，一年进行两代或多代育种。另外也采用生物技术措施，进行单倍体育种，缩短杂种的分离世代，提高育种效率。

三、杂交种的选育方法 两个遗传性不同的亲本杂交获得杂种一代，在生长势、抗逆性、产量和品质等方面，优于双亲的现象称为杂种优势。杂种优势是生物界的一个普遍现象，利用杂种优势是作物生产的一个发展方向。目前，在白肋烟生产中，使用杂交种已相当普遍。在烤烟生产中，我国50年代曾大面积推广种植杂交种。实践证明，杂交种具有长势强、适应性广、抗逆能力强、产量高等优点。若能恰当地选配亲本，保证烟叶质量水平不下降或有所提高，那么在烤烟生产上推广种植杂交种是十分有益的。

烟草是自花授粉作物，基因型一般是纯合的，两个品种杂交即可得到整齐一致的杂种一代。选择在产量、品质、抗逆性等方面具有较强优势的杂种一代即可得到优良的杂交种。所以烟草杂种优势的利用方式主要是品种间杂交种。杂交种的选育程序是：

（一）正确地选配亲本：这是杂交种选育的关键。一般规律是：双亲亲缘关系越远，杂种优势越强；双亲配合力越高，杂种优势也越强；双亲性状良好且能缺点互补，则杂交种的综合性状就较好。如在烟叶品质方面，双亲的品质性状相仿且都优良，杂交种的品质则不易下降，而且还会相应提高。若双亲品质因素悬殊过大，则杂交种的品质就很难超过最优亲本。因此，要正确地选配亲本。

（二）杂种一代的比较鉴定：将上年获得的杂交种，按顺序在田间排列种植，与对照品种（或杂交种）进行比较。比较试验一般要进行2～3年，从中选拔出优良的杂交种，参加区域试验和生产示范试验。

（三）杂交种制种技术：杂交种是指杂种一代的种子，若杂交种自交就是杂种二代，杂种二代会发生性状的分离，因而不能再用于生产。所以，生产上使用杂交种必须年年制种。制种方法有人工杂交制种法和雄性不育杂交制种法两种。人工杂交制种需对母本逐花去雄，然后采集父本花粉进行人工授粉。因人工去雄工作量大，速度慢，制种效率低，成本高，难以满足生产用种的需要。利用具有雄性不育性的材料做母本，可以省掉人工去雄这一环节，大大提高制种效率和制种产量。雄性不育杂交制种法首先要使母本转育成不育系。雄性不育系的转育一般采用回交法，连续回交5～6代即可。在制种田内，雄性不育的母本与正常可育的父本间行种植，因母本没有花粉，必须接受父本的花粉才能结实，故母本植株上的种子即为杂交种。在雄性不育杂交制种过程中，为提高制种产量，单靠自然串粉是不够的，还必须采用人工辅助授粉或其他措施。

第三节　良种繁育

一、良种繁育的任务与指导方针　良种的含意包括两个方面的内容：一是指优良的品种，即品种的综合性状要好；二是指优质的种子，即种子的纯度、净度、发芽率、饱满度等方面符合种子质量标准的要求。有了优良的品种和优质的种子，才能充分发挥优良品种增产增收的作用。如果忽视了这一点，不仅会影响新品种的推广速度，而且已推广的品种也会因使用过程中的混杂退化而变劣，进而影响烤烟产量和质量的提高。

（一）良种繁育的任务：烤烟良种繁育工作的主要任务有以下两个方面：

1．推广新品种：有计划地繁殖和推广经国家审定通过的烤烟新品种，更换生产上不符合要求的老品种，以满足烟叶生产对品种质量和数量的要求，是烤烟良种繁育的首要任务。建国以来，在烤烟生产上先后经过了两次大规模的品种更换，推广了许多优良品种，对提高烟叶质量和产量发挥了积极的作用。随着生产水平的不断提高，烤烟生产对品种的要求也在不断地变化和提高，推广新品种以满足烟叶生产的需要仍是良种繁育工作的一项重要任务。

2．防止混杂退化，提高种子纯度：品种是烟叶生产的重要生产资料。生产并提供种性好、纯度高的种子是烤烟良种繁育的另一项重要任务。为做好这项工作，必须建立一套完整的科学的良种繁育体系，制订出系统的技术指标，以防品种的混杂退化，实现种子质量的标准化要求。

（二）良种繁育工作的指导方针：我国烤烟良种繁育工作以“四化一供”为指导方针。“四化一供”的具体内容是，种子生产专业化、种子加工机械化、种子质量标准化、品种布局区域化，有计划地统一供种。

种子生产专业化是指根据生产用种量，有计划地建立种子专业化生产基地，按照各品种特征特性和良种繁育技术规程，繁殖原种和生产用种。

种子加工机械化是指把繁殖单位生产出来的“半成品”种子，用各种种子加工机械进行精选、干燥、分级及药物处理，加工制成合格的种子。

种子质量标准化是指生产的原种及良种，必须按照规定的技术标准进行检验分级，使这些种子在质量方面符合国家的规定要求。否则，不得用于生产。

品种布局区域化是指根据不同品种的区域适应性，合理布局品种。在一个生态区域内，选用最适宜的优良品种，并合理搭配，最大限度地实现烤烟品种的优化组合。

有计划地统一供种是指根据烟区的规模大小和具体情况，实行有组织的集中统一繁殖，统一供种，烟农不再自行留种。

实行“四化一供”种子工作方针，是加速农业现代化的一项重要措施，也是落实“计划种植、主攻质量、提高单产、增加效益”烟叶生产方针的重要保证。因为实行“四化一供”种子工作方针有利于提高种子的纯度和质量，有利于新品种的推广，有利于计划种植政策的落实，有利于烟叶产量和质量的提高。

二、良种繁育的程序与方法

（一）品种混杂退化的原因：良种繁育的工作对象是品种群体，为保证品种的典型性，提高群体的纯度，必须在繁育过程中做好防杂保纯和防止退化的工作。品种的混杂和退化现象是时常发生的，混杂是指一品种中混进了其他品种或其他植物的种子。退化是指一个优良品种在连续使用过程中失去了它原有的优良特性，产生了不符合要求的不良变异。品种的混杂或退化，均表现出植株生长不整齐，成熟不一致，抗逆性减弱，产量和品质下降等不良现象。造成品种混杂退化的原因主要有以下几个方面：

1. 机械混杂：烟草是最容易发生种子机械混杂的作物。因为烟草种子太小，千粒重仅在0.08克左右。在种子收获、脱粒、运输、贮藏以及播种等作业中，稍不注意就会造成人为的机械混杂。对于物种间混杂还可在育苗移栽过程中加以提纯，但对品种间混杂就难以克服了。因为许多烤烟品种的苗期表现差异不大，不易识别。混杂严重地影响着优良品种的群体结构，给大田栽培管理和烘烤带来许多不利和困难。

2. 生物学混杂：由天然杂交（或称串粉）而发生的混杂，称为生物学混杂。在良种繁育过程中，由于种子田与其他品种田之间未采取隔离措施或者是种子田内本来就有混杂现象，而造成与其他品种的天然异花传粉。尽管烟草属于自花授粉作物，但仍然有1～3%的异交率，有时可能更高。因此，在良种繁育过程中，必须采取一定的隔离措施和及时的去杂去劣技术，防止生物学混杂现象的发生。

3. 品种自身遗传性的变化：一个品种在连续的种植使用过程中，特别是一些主要的优良品种，种植面积和范围较大，由于各地生态条件的差异和各种外界因素的影响，常常会发生或多或少的自然变异现象，这些变异绝大多数是无益的，如果不及时剔除，就会造成整个品种群体的混杂和退化，进而影响烟叶产量和质量的稳定与提高。

4. 不正确的选择：在良种繁育过程中，由于对品种的特征特性认识不够，或选择人员的个人偏向等原因，进行了偏离原品种典型性的不正确选择，结果导致原品种面目的改变，加速了品种的退化。这种现象在种植历史较长的品种中尤为突出。如在移栽过程中，长势较强、植株较高的大苗容易被保留，而小苗、弱苗易被淘汰，久而久之，就会改变原品种的苗期长势和长相。因此，人为的不正确选择常是改变原品种典型性的主要因素之一。

(二)原种、良种生产的程序与方法：为防止品种混杂退化现象的发生，需在良种繁育方面制定一套科学的技术程序和技术措施，保证品种的典型性和种子的纯度。国外(如美国、加拿大等)良种繁育多采用重复繁殖法，即良种繁殖从育种家种子(原始种子)开始，到生产出大田用种为止，下一轮的种子生产重复相同的过程(见图 1-1)。归纳起来其程序如下：

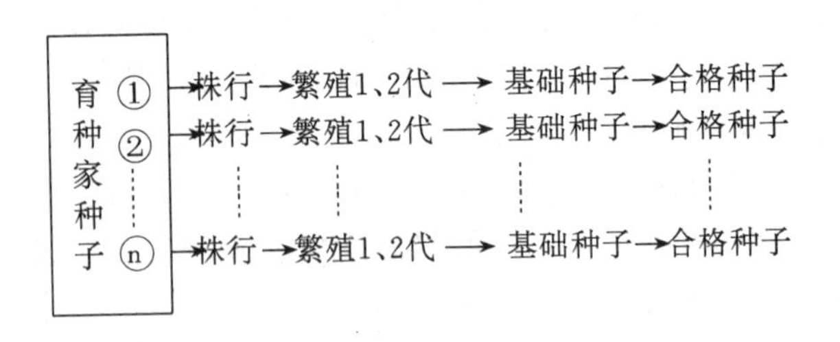

图 1-1 重复繁殖法示意图

注：n＝无限次

第一，育种家种子是指育成品种时的原始种子。由育种单位或个人直接控制，根据需要进行适当的保存和繁殖，每年取其中一部分用于生产基础种子。

第二，基础种子（相当于我国的原种）由育种者或其授权人或单位负责扩大繁殖，供生产合格种子使用。

第三，合格种子由基础种子繁殖而来，供生产使用。一般由种子公司生产或经营。

重复繁殖技术程序中，生产用种来自育种家种子，其间一般只有3～4代的繁殖过程，故不需花费更多的人力物力去进行选择和去杂去劣，因为育种家种子在典型性和纯度方面是较高的。但该方法要求种子生产的专业化、标准化程度较高，且需要充足的贮备和运输能力。我国因烤烟种植面积较大，种植范围广，加之农业生产条件等因素的限制，育种单位或个人一般不承担育成品种原始种子的保存或供应任务，而是各地根据需要，从推广的品种群体中通过选优提纯，繁殖与原品种在典型性方面相一致的原种，用原种生产良种，供生产使用（见图1-2）。此方法可称为循环选择法。

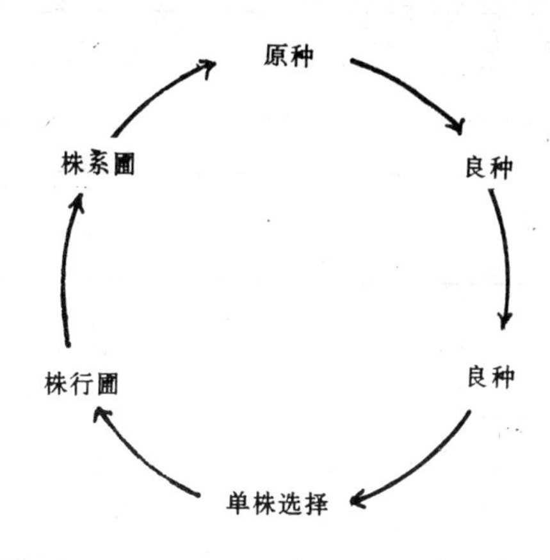

图1-2　循环选择法示意图

根据循环选择法技术程序的要求，我国烤烟良种繁育工作分为原种生产和良种生产两个部分，其相应的繁殖程序和方法如下：

1. 原种生产：原种是指育成品种的原始种子或由生产原种的单位生产出来的与原品种典型性状相一致的种子。原种是繁殖良种的种子，故对原种各指标的要求相对较高（见表1-1）。原种的生产方法是选优提纯法，即从优良品种中选择典型的优良单株，经过株行株系比较，再选优去劣，繁殖原种。此过程实际上是一个人工选择过程，选择的结果可能会使某些性状发生或多或少的变化，有时也会略优于原来的品种。尽管如此，就它的纯度等方面来说，仍属于原种。原种生产程序一般为：

表1-1　烤烟种子分级标准

种子类别	纯度（%）	净度（%）	水分（%）	发芽率（%）	饱满度	色　泽
原　种	>99	99	<9	≥95	籽粒均匀饱满	籽粒深褐色有油光，色泽一致
良种一级	>99	98	<9	>90	籽粒均匀饱满，搓捻时无粉状皮屑	
良种二级	99	96	<9	>80	籽粒均匀，搓捻时稍有粉状皮屑	种子色泽稍杂，油光稍差

（1）选择优良单株：把生产原种的品种种于选择圃中，种植方式可按大田要求适当偏稀，以便使单株充分发育。在大田生长期，根据原品种特征特性进行分期选择，入选单株套袋自交留种。收获时按单株单收、单脱、单藏。

（2）株行比较鉴定：将上年入选单株，种于株行圃中，每株一行，进行比较。在不同生育期调查记录，选优去劣。生长整齐一致的株行，可以混合收种，不一致的株行，还要进行单株选择。

(3)株系比较试验:上年入选株行种成一区,称为株系。进行系统的、详细的比较鉴定,再次选优去劣。株系内整齐一致,各性状表现符合原种标准的,可以混合收种。

(4)原种繁殖:将入选株系的种子,扩大面积种植,进行种子繁殖,即可得到原种。

以上原种生产经过一年选株、一年株行比较、一年株系比较,故称为三级提纯法。如果在株行比较时各项标准已达到原种的要求,可以省去株系比较,则称为二级提纯法。

2. 良种生产:由于原种数量有限,不可能满足生产的需要,必须将原种进一步扩大繁殖,供生产使用,此过程称为良种生产。在良种生产过程中,为防止品种混杂,提高种子纯度和质量,应做好以下几方面的工作:

(1)制订严格的良种繁育计划,防止人为的机械混杂:在制订良种繁育计划时,要尽可能做到一个单位繁育一个品种。因一个单位繁育品种数目过多,很容易造成品种混杂。在良种繁育的各个环节中,要有严格的规章制度,有专人负责,防止混杂和差错的发生。

(2)种子田的设置:种子田要设在生产水平较高,生产条件较好的单位,种子田与其他品种的生产田或种子田之间,要有一定的空间隔离,以防止品种间的串粉。美国研究人员Mc-murrey 等(1960 年)曾用白肋烟与正常绿色烟草品种作材料,研究烟草在不同空间隔离条件下的异交率,结果证明(见表 1-2):空间隔离 402 米时,仍有约 0.3%的天然异交率;在相距 804 米时,天然异交率就不存在了。故种子田与其他品种的生产田或种子田的空间隔离要在 800 米以上。

表 1-2　品种间相距远近与天然杂交率的关系

间距(米)	天然杂交率(%)		平均(%)
	Ⅰ	Ⅱ	
邻行	1.1	2.2	1.7
80.45	0.5	0.5	0.5
160.9	0.6	0	0.3
402.0	0	0.5	0.3
804.0	0	0	0

种子田的面积，一般依下年计划种植面积来确定，1 亩种子田一般可获得精选种子 5～7 千克。

3. 种子田管理技术：种子生产与烟叶生产的目的不同，所以大田管理的技术要求也不同。种子田以获得优质高产的种子为生产目的，因此，种子田的管理应抓好以下几方面的工作：

第一，合理施肥。种子田的施肥应高于一般生产田，适当增加氮肥用量，以保证籽粒的饱满。

第二，中上部叶片推迟采收，至少保留 5～6 片叶，待种子收获后再采收。同时在种子生长期间，要特别注意防治虫害，前期如蚜虫严重会造成落花落果，降低结实率和饱满度；后期如青虫较多，则会严重减产。一般种子田盛花期以后要进行 2～3 次的药剂防治，以提高种子质量和产量。

第三，要及时去杂去劣，提高种子纯度。种子田的去杂去劣工作，一般要进行 3 次，第一次在移栽后 40 天左右，主要依原品种苗期性状来进行纯度鉴定，不符原品种的变异单株，及时剔除。第二次在现蕾期进行，对混杂株、病株、劣株和变异株，一概打顶，筛选现蕾一致的烟株留种。第三次在盛花期进行，主要依花器性状进行选择，淘汰不符本品种的植株。若在种子田内发现有优良变异单株，应及时套袋隔离，单独收获，另做处理。

第四，疏花疏果。为提高种子的质量，必须适当控制留种株的结果数量。据河南省农科院烟草研究所试验报道(1988年)，每株留 30 朵花时，单果体积大，千粒重较高(0.092 克)，种子质量较好，但单株产量较低，仅为 6.12 克。让其自然开花结果虽然种子产量较高，但种子质量较差，粒小，瘪籽多。在多个指标均衡比较中，以单株留花数在 60 朵时较好，既能提高种子质量，又能保证种子产量(见表 1-3)。一般烤烟品种单株花蕾数可达 200 个以上，因此，要保证种子质量的各项指标达到规定的要求，必须及时地做好疏花疏果工作。

表 1-3　不同留花数对种子产量、品质的影响

处理	千粒重(克)	单株产量(克)	外观质量		发芽势(%)	发芽率(%)
			颜色光泽	均匀饱满程度		
留 30 朵花	0.092	6.12	褐色有光泽	均匀饱满，搓捻时无碎屑	90.5	91.5
留 60 朵花	0.092	12.06	褐色有光泽	均匀饱满，搓捻时无碎屑	89.0	90.0
留 100 朵花	0.087	20.64	褐色稍淡，较有光泽	较均匀饱满，搓捻时有瘪籽	84.5	87.5
顶端掐去 5～6 个花蕾	0.084	15.48	褐色稍淡，光泽较暗	种子较小不均匀	83.5	85.0
让其自然开花结果	0.080	21.24	种子色浅，光泽暗	种子较小瘪籽多	82.0	83.0

第五，适时采收。从开花授精到种子成熟一般需 1 个月左右，果皮变褐是种子成熟的外观指标。过去一般以 50%蒴果变褐，其他蒴果果皮发白为收获时期。河南省农科院烟草所(1988 年)试验结果证明(表 1-4)：80%的蒴果果皮变褐时采收较为适宜。此时采收的种子外观质量、单株籽粒产量、发芽

率等方面最优。

表 1-4 不同成熟度对种子产量和质量的影响

处理	千粒重（克）	单株产量（克）	外观质量		发芽势（%）	发芽率（%）
			颜色光泽	均匀饱满程度		
青果发白	0.077	11.04	种子色泽暗	籽粒小，不均匀，捻时秕籽较多	66.5	72
50%变褐	0.082	12.88	褐色稍淡，较有光泽	籽粒较均匀、饱满，有秕籽	83.5	85.5
80%变褐	0.083	15.54	褐色稍淡，较有光泽	籽粒较均匀、饱满，有秕籽	87	90

第四节 良种介绍

N_{C89}

N_{C89}是美国烤烟品种。1981 年引入我国，首先在河南试种，表现良好，近几年在黄淮烟区及其他烟区大面积推广种植。

该品种植株塔形，株高 110 厘米左右。腰叶长 60～70 厘米，宽 30～35 厘米，叶片长椭圆，叶色深绿，可采收叶数 18～22 片，单叶重平均 6～8 克，亩产量一般在 150～170 千克之间。该品种大田生育期一般为 110～120 天，前期生长速度较慢，团棵后生长速度较快，移栽后 60 天左右现蕾。该品种高抗黑胫病、根结线虫病，较耐烟草花叶病，不抗赤星病。较耐肥，耐旱能力较差，适合在水肥条件较好的地区推广种植。N_{C89}品种耐熟性好，烤后原烟颜色多为橘黄、金黄，油分足，叶片厚薄适中，中、上等烟比例较高。原烟化学成分协调，还原糖一般在 16～19%，总氮 2%左右，烟碱含量一般在 2～3%，含钾 1.5

～2.5%，含氯 0.2～0.4%，香气足，吃味醇和，燃烧性好。在目前推广的烤烟优良品种中，N_{C89}是一个产量适中、质量较好、适应性较强的优质烤烟品种。

G_{80}

G_{80}（Speight G_{80}）是美国烤烟品种。1984 年引入我国，1987～1988 年在全国烤烟品种区域试验中参试鉴定，表现良好。1989 年经全国烟草品种审定委员会审定为优良烤烟品种，在全国推广种植。目前，该品种在华中烟区种植面积较大。

G_{80}株式筒形，株高 110～130 厘米，茎围 8～9 厘米，叶形椭圆，叶色绿，叶片厚薄适中，腰叶长 60 厘米左右，可采收叶数 20～23 片，单叶重平均 7～8 克，亩产量一般在 150 千克左右。该品种大田生育期 110～120 天，大田生长势较强，高抗黑胫病、根结线虫病，赤星病较轻，易感烟草花叶病，耐水肥，但抗旱能力较差。适宜在肥水条件较好的地区推广种植。该品种烤后原烟外观质量较好，颜色多橘黄、金黄，油分足，光泽强。烟叶各化学成分间比例协调，全国烤烟品种区域试验（1987 年）表明：该品种总糖含量 18.74%，总氮 1.61%，烟碱含量 2.2%，含钾 1.35%，含氯 0.23%，评吸香气足，吃味较好。是我国主要推广的优质烤烟品种之一。

K_{326}

K_{326}是美国 1981 年育成的烤烟新品种。1984 年引入我国，与 G_{80}品种一起同时参加全国烤烟品种区域试验，1989 年经全国烟草品种审定委员会审定为优良烤烟品种，在全国推广种植。目前，该品种在西南烟区推广面积较大。

K_{326}品种株式筒形，株高 100～110 厘米，茎围 7～8 厘米，叶形长椭圆，叶面较皱，叶色绿，叶耳稍大，腰叶长 60 厘米左右，宽 30 厘米左右，可采收叶片 20～23 片。大田生育期 120 天左右。该品种高抗根结线虫病，中抗黑胫病，不抗烟草花叶病，易感气候斑点病。该品种大田生长势较强，成熟落黄一致，容易烘烤，烤后原烟外观质量优良，多呈橘黄色，上等烟比例较高，亩产量一般 150～170 千克。原烟化学成分比例协调，烟碱含量相对较高，香气质好，香气量足，劲头适中，余味舒适，燃烧性好。该品种是目前我国推广的优良品种中较好的一个烤烟新品种。

红花大金元

红花大金元是云南省路南县烟农于 1962 年从美国大金元品种中系选而成的烤烟品种。是云南省多年来主要种植的烤烟品种之一。目前，该品种在贵州、四川、河南、陕西等省也有种植。

该品种株式塔形，株高 100 厘米左右，茎围 9～11 厘米，腰叶长 60～70 厘米，宽 25～35 厘米，叶片长椭圆，叶色深绿，叶面较皱，主脉较粗，叶片较厚，花序繁茂，花冠深红色，故称红花大金元。该品种可采收叶数 20～24 片，单叶重 6～8 克，亩产量一般在 150 千克左右。大田生育期 110～120 天。生长势较强，中抗黑胫病，较耐普通花叶病，有一定的抗旱耐瘠薄能力，故该品种适宜在丘陵岗地推广种植。红花大金元品种烤后原烟颜色橘黄、金黄，油润丰满，光泽强，富有弹性，上中等烟比例较高，原烟烟碱含量适中，糖碱比协调，香气质好，香气量足，吃味纯净，燃烧性好，是我国烤烟生产中种植历史较长的一个优良烤烟品种。

N_{C82}

N_{C82}是美国烤烟品种，1980 年引入我国，1985 年被全国烟草品种审定委员会认定为优良品种在全国推广。目前该品种在山东、贵州省种植面积较大。

该品种植株筒形，株高 120 厘米左右，可采收叶数 20～23 片，叶形长椭圆，叶色绿，叶片厚薄适中，腰叶长 50～60 厘米，宽 25 厘米左右，单叶重 6～8 克，亩产量一般在 150 千克左右。该品种花序紧凑，花淡红色，大田生育期 110 天左右，较耐肥，耐成熟，易烘烤。高抗黑胫病，易感赤星病，耐旱性较差。N_{C82}品种烤后原烟颜色较深，多橘黄、金黄，外观质量好，原烟化学成分比例协调，烟碱含量适中，是一个品质较好的优良品种。

G_{140}

G_{140}(Speight G_{140})是美国烤烟品种。1976 年引入我国，1985 年在全国各烟区大面积推广，1990 年以来该品种的种植面积逐渐下降。目前，在东北烟区、黄淮烟区仍有种植。

G_{140}品种植株筒形，株高 120～130 厘米，叶形椭圆，叶片绿色，腰叶长 60 厘米左右，宽 28～32 厘米，可采收叶数 25 片左右，单叶重平均 6～7 克。亩产量一般可达 160～180 千克。大田生育期 120 天左右，长势较强，叶片成熟较集中，落黄好，易烘烤。该品种高抗黑胫病，中抗青枯病，易感花叶病，适应性强。G_{140}品种烤后原烟颜色中下部较淡，多为正黄，上部叶烤后颜色较深，中等烟比例较高。烟叶各化学成分的比例基本协调，但烟碱含量相对较低，香气较好，杂气少，燃烧性好。该品种在我国 80 年代烤烟生产中曾发挥过积极的作用。

G_{28}

G_{28}(Speight G_{28})是美国烤烟品种。1972 年引入我国，该品种主要在西南烟区推广种植，目前，种植面积也在下降。

G_{28}品种植株塔形，株高 110 厘米左右，单株可采收叶数 22～26 片，叶形椭圆，叶色绿，叶面较皱，主脉较细，叶耳大，叶缘波浪状，腰叶长 60 厘米左右，宽 30 厘米左右，花序较繁茂，花色淡红。大田生育期 100～120 天，前期长势较弱。该品种耐肥，易烘烤，高抗黑胫病、青枯病和根结线虫病，易感花叶病和气候斑点病。G_{28}品种品质性状较好，烤后烟叶颜色橘黄、金黄，各化学成分比例也比较协调，香气充足，劲头适中，燃烧性较好，一般亩产量在 150 千克左右。适宜在肥水条件较好的地区种植。

长脖黄

长脖黄是河南省许昌烟区栽培历史较久的地方烤烟品种。因该品种在叶片基部沿主脉两侧有较长的一段叶翼，似长脖子，加之烤后叶色金黄，故得名“长脖黄”(又名“长把黄”)。目前，该品种在黄淮、西北烟区仍有种植。

长脖黄品种，株高 110～120 厘米，节距适中，叶形长椭圆，叶色绿，叶基窄而长，叶耳小，腰叶长 50～60 厘米，宽 25 厘米左右，主脉较粗，单叶重 5～6 克，亩产量在 150 千克左右。大田生育期 100～110 天，生长势较强，气温高、多雨条件下易发生底烘。该品种易感黑胫病和赤星病，较耐花叶病。烤后烟叶颜色橘黄、金黄，油润丰满，叶片较厚，化学成分协调，原烟评吸香气量足，香气质好，吃味纯净，是一个品质优良的地方品种。

第二章 烤烟的生长发育与环境

第一节 烤烟的形态特征与特性

一、根

（一）根的形态：烤烟的根有主根、侧根和不定根3部分。烟草本属直根系植物，但由于移栽时主根被切断，故在主根和根茎部分发生许多侧根，侧根又可产生二级侧根和三级侧根，因此在成长的烟株上主根不明显，侧根和不定根成为根系的主要组成部分。在耕作层中，根系分布的密度及宽度都较大，但随着深度的增加逐渐减少，因此，根系呈圆锥形。

烤烟的发根能力很强，生产上常利用这个特性，采取培土的方法，促使茎部长出许多不定根，以扩大吸收范围，并增强对烟株的支持能力。

就根系的密集范围来看，显然要比分布范围小得多，特别是深度方面，密集度更小。根据现有资料来看，根系约有70～80%密集在地表下16～50厘米的土层内，而密集的宽度大约为25～28厘米，密集的深度只有总深度的1/4～1/3，这与表土条件有关。

（二）主根、侧根和不定根的产生：从植物学的观点来看，种子发芽时，首先伸出胚根，胚根继续伸长形成主根。主根之后，不断地形成侧根，侧根起源于中柱鞘，在根毛区的上部也就是成熟区的较下部，当形成层刚刚产生和开始活动时，位于初生木质部外侧的中柱鞘细胞，经过平周（平行于茎周）分裂，形成了内外排列的3层细胞，最后分化成为侧根的根尖。其后由于伸长区的伸长和输导组织分化，根冠和生长点穿过母根(主根)的皮层而长成侧根。侧根的木质部和韧皮部，均与母根的相应部分相连，在构造上也与母根一样。烟草在许多部分可以产生不定根，特别是茎的基部，在培土以后，适当保持湿润和通气的情况下，可以促进不定根的发生。不定根可达总根量的1/3左右，对烟草的生长具有重要的作用。茎部的不定根是由形成层所产生的，当某一点产生不定根时，该处的形成层不仅形成平周分裂，而且还进行垂周(垂直于茎周)分裂，结果在次生木质部的外侧产生不定根的根冠和生长点，后者继续活动，并逐渐向外伸长，穿过茎的韧皮部和皮层，终于伸出茎外形成新根。

烤烟从第一片真叶出现开始，根系即迅速生长，到第二片真叶出现时，主根上发生侧根，到第五片真叶时，侧根在20条以上，并生出二级侧根，到成苗时已经形成了完整的根系。

幼苗移入大田，由于起苗时主根被切断而停止生长，开始强烈地发生侧根，在移栽后15～20天内，根系可达25厘米的深度，到植株开始开花时，根系深度可达80～100厘米。打顶之后，又可促进根系的进一步发展。

(三)根的生理机能

1. 吸收机能：烟株所需要的养料和水分，大部分都是根从土壤中吸收的。根的吸收作用，主要依靠根尖部分进行，但吸收水分，主要通过根毛区，而对无机盐的吸收，则主要靠根毛区前端吸收作用较强的部分。根毛的寿命很短，只几天到几个星期便枯落，而由新生的根毛所代替，所以要使烟株有强大的吸收机能，保持根毛的顺利生长是十分重要的。因此，在栽培上要为根系生长创造一个良好的环境条件。首先，在移栽时应尽量减少须根损伤。第二，使土壤有良好的通气条件。田间积水会引起烟株的凋萎，甚至萎黄枯死，这与缺氧和二氧化碳积累而影响呼吸有关。因为土壤中缺氧，会引起土壤中嫌气性微生物的活动加强，产生某些有毒物质引起毒害，因此，在低洼地带和多雨季节要注意排水。第三是土壤温度，对根系吸收机能影响很大，在土壤温度降到 3～5℃时，土壤虽不缺水也会停止生长，这显然是呼吸机能受到严重影响的缘故。因此，在天气较冷的春季，提高土壤温度是保证烟苗健壮生长的一项重要措施。烟草大田生长期间的中耕，也是提高土壤温度的一个有效方法。

2. 合成作用：烟草的根不但是重要的吸收器官，而且是一个重要的合成器官，不少重要的有机物和氨基酸等，主要是在根部合成的。影响烟草品质的一个重要成分——烟碱（尼古丁）也主要在根部合成。尤其是根尖部分合成较多，合成以后再运送到茎叶中去。烟草中的木烟碱，则在地上部和根部都可以合成，但以根部合成为主。

二、茎

（一）茎的形态：在种子萌发之后，顶芽就开始分化，随着烟草个体的生长，顶芽体积不断增大，一方面是幼芽细胞的数目增多，另一方面是顶芽生长点的直径加大，这时，在外形上，就可看出有茎的形态，同时，随着顶芽的不断生长和分化，主茎就不断生长。茎的生长表现，是节间的伸长、节数的增加和叶片数目的增多，直到植株全部形成，茎已经具备了完整的结构。

茎是连接根系，支持叶、花、果实，运输水分和养料的主要器官，是营养器官中的一个重要组成部分。烤烟具有圆柱形直立的强大主茎，一般为鲜绿色，年老时呈黄绿色。茎内含叶绿体，能进行光合作用，合成有机物。幼茎内充满了发达的髓，所以是实心的，这里可以储存养料，但老的茎内，髓部被破坏，只剩下一些残余物而变成空心。茎的表面密生茸毛，幼茎上尤多。茎上有气孔，能进行气体交换。在茎的节上，着生叶片。两节之间称为节间。在同一烟株上，茎的节间长短不一，因此叶在茎上着生也有疏有密。茎高、节间长度及茎的粗细，随着品种和栽培条件而异。烤烟的株高，一般为100～360厘米。一般多叶型品种较高，少叶型品种较矮。主茎的高度决定于节数和节距的大小，节距大、节数多者，主茎高。主茎高度等于节数和节距平均长度之乘积。一棵烟株上的节间，一般是下部较短，上部较长。节距的这种差异，以不过大为好。

茎的粗细，因品种和栽培条件而不同，栽培条件好，则茎较粗。一般同一品种的不同植株间，茎的粗细与叶片的大小成正比关系。

（二）茎的生理机能：烟草茎秆的主要机能是输送水分和养料，主要是通过输导组织进行的。由根部吸收的水分和养料，由木质部的导管上升。由叶片合成的养料，由韧皮部的筛管运输到上部的嫩叶及生长点或果实中，同时也向下输送到根部去。

由于导管是中空的死细胞，所以水和无机盐养料的运送速度和方向，主要决定于其他部分的吸收力与呼吸强度。烟草上部的嫩叶生长势较强，呼吸较旺盛，而且亲水胶体较多，所以水分和无机盐养料优先运送到顶端去，下端叶片得到的较少。尤其在水分不足时，下部叶片首先受到影响，所以干旱和缺肥时，底部叶片首先枯黄。

有机养料的输送与上述情况不同，它是在活的筛管中通过的，所以运送速度与茎部的生命活动特别是与韧皮部的呼吸强度有关。低温、缺氧均会影响运输机能。但是有机养料的运输方向不决定于韧皮部，而决定于利用养料部分的生理状态，凡是生命活动比较活跃，代谢作用较盛，生长较快的部分，常常为养料集中的中心，顶端在这方面占有优势。而下部已长成的叶片，通常不能从其他部分获得大量的有机养料。当其本身制造的有机物质不能满足自己的需要时，只能枯落。

三、叶 烤烟的叶，是由顶芽或腋芽的生长点细胞分化而成的。生长点中某一点的细胞分裂和生长较快，向外突出，而成为叶原基。通常叶原基出现在生长点的周围，按照叶序的规律排列。品种不同叶序的规律变化较大，有 1/3（第一叶与第三叶，在茎上成一直线。以下同）、2/5、3/5、5/13 等等。

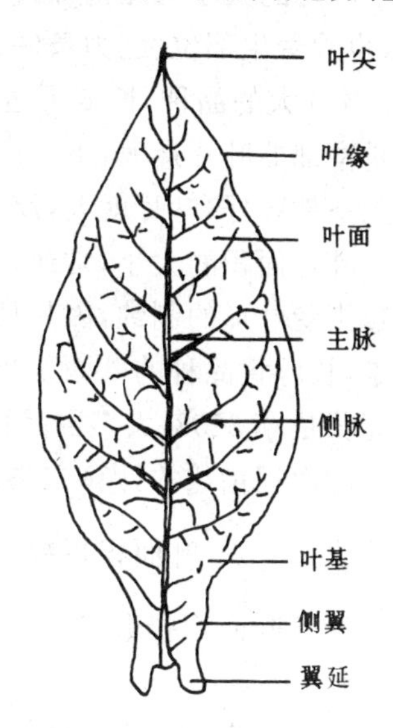

图 2-1 烤烟叶片各部分名称

（一）叶的形态：烤烟的叶片，是没有托叶的不完全叶。叶片外形的各部分如图 2-1 所示。顶端叫叶尖，呈钝形或渐尖形。四周叫叶缘，平滑或呈波状。叶片宽大部分的基部叫叶基。叶基以下急速变窄，叫侧翼，侧翼下延，着生在主茎上，这一部分叫翼延，俗称叶耳，但与禾本科植物的叶耳不同，这只是形象的说法。普通烟草中都有明显的侧翼，但有的较宽，有的较窄，不论窄到什么程度，都有翼延下伸至茎部。

烟叶中间有一条主脉，俗称“烟筋”或“烟梗”。主脉两侧有侧脉9～12对，主脉与侧脉形成的角度与叶形直接相关，角度大的叶宽，角度小的叶窄。叶脉的粗细，直接影响茎叶角度，脉粗的茎叶角度小，脉细的茎叶角度大。一般原烟的烟梗重量占全部叶片重量的25%左右，粗的可达30～40%，烟草工业希望烟梗粗细适中，烟梗太粗则降低烟叶的出丝率。

叶片的大小与厚薄，因品种不同而差别很大，即使同一品种，也因着生部位、肥力条件、光照条件的不同，而有明显的变化。叶片大的品种，长度可达70厘米以上。在同一植株上，一般是中部的叶片最大，下部次之，上部叶片则较小。肥水适宜，光照条件较好，叶片就大，反之则小。

叶片面积的大小，常通过叶面积指数进行计算，而叶面积指数则受叶形的制约，因品种不同而异。根据河南农业大学的测定，长脖黄品种的叶面积指数是0.6497，满屋香是0.6754，潘元黄是0.6258，大多数品种的叶面积指数都在0.6以上。

叶面积指数的计算方法如下：

$$叶面积指数=\frac{叶片的实际面积}{叶片长\times叶片宽}$$

计算叶面积指数时通常用0.6345，这是过去引用原苏联的材料。

叶片的实际面积＝叶长×叶宽×叶面积指数

烤烟叶片的厚度，一般为0.2～0.5毫米，因品种而异，一般多叶型品种叶片较薄，而叶数少的品种则较厚，在同一植株上，中、下部叶片较薄，上部叶片较厚。

叶片与茎形成的夹角，也有大小的不同，一般夹角小的，栽培密度可稍大一些。

由于栽培条件不同，叶片在茎上的着生部位不同，叶片的大小也不相同，从而形成了不同的株形：上、中、下叶片大小相近称为筒形；下部叶片明显大于中、上部叶片的称为塔形；上部叶片显著大于中、下部叶片的称为伞形。

叶片的颜色一般是绿色的，只是品种之间有深绿和浅绿之差。同一品种叶色深浅与环境条件有关，在肥水较多或轻盐碱地上生长的烟叶颜色较深，而在营养不良的情况下生长的烟叶，则颜色较浅。

烤烟的叶形也差别很大，虽然叶形受环境与着生部位的影响，但主要是品种的遗传性所决定的。叶形是区别品种的主要特征之一。大体上把不同品种的叶形分为柳叶形和榆叶形两大类。在生产上，凡是叶子长宽比例大于2∶1的统称为柳叶形，等于或小于2∶1的统称为榆叶形。

烤烟的叶片数是指单株有效叶数而言的，即指可烤叶片数。可烤叶片数因品种不同而有所差异，有二十多片的，如长脖黄、红花大金元、N_{C89}、G_{80}、K_{326}等，也有三四十片的，如金星6007等。在同一品种内，单株叶片数比较稳定，但是环境条件不正常时，如苗期低温、干旱等自然因素，使花芽分化加速，出现早花现象，叶片数目则会减少。生产上应用的一般是少叶型品种。

(二)叶的构造：叶片的构造可分为表皮、叶肉和维管束3部分。

1. 表皮：烟草叶片的表皮分为上表皮和下表皮。上、下表皮都是由单层细胞构成的，外有极薄的角质层，无细胞间隙。表皮细胞近椭圆形或长方形。上表皮细胞较下表皮细胞稍大。正面看表皮细胞形状不整齐，呈凸凹不平的波纹状轮廓，临近细胞凸凹部分互相嵌合。表皮细胞内不含叶绿体，叶缘部分细胞常膨大，并向外突出(见图2-2)。

2. 气孔器：由两个半月形保卫细胞构成，以凹面相对，中

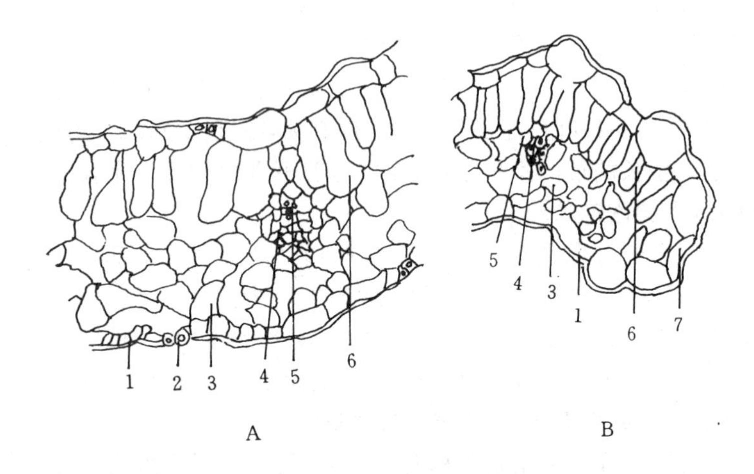

图 2-2　叶片横切面图

A. 叶片中部　B. 叶片边缘

1. 下表皮　2. 气孔　3. 海绵组织　4. 韧皮部

5. 木质部　6. 栅栏组织　7. 水孔

间环抱一气孔，通过这里进行气体交换。由于气孔具有开闭的运动机能，因而对于蒸腾作用的调节和光合作用，都有很大的作用和影响。上表皮的气孔较少，每平方厘米约 200 个左右，下表皮的气孔较多，每平方厘米 300 个左右。顶叶的气孔器较小，而脚叶的气孔器较大。据报道，气孔器在日出以后，随日射量的增加，而增大张开度，达高峰以后，即出现中午的闭孔现象。烟叶气孔的张开度和张开时间与叶龄及土壤湿度有关。在土壤湿度适宜时，越上层叶片张开度越大，土壤干燥时，上部叶片气孔张开度显著减小，张开时间缩短，中、下部叶片变化较小。

3. 毛：普通烟草幼叶的表皮上密生茸毛，随着叶龄的增加，一部分逐渐脱落，但在老龄的脚叶上，茸毛仍有存在。一般叶片在工艺成熟期，表皮上茸毛大部分脱落。根据表皮茸毛的形态和功能，可分为保护毛和腺毛两类：腺毛是分泌器官，主要分泌物是香精油、树脂和蜡质，这与烟叶的香气吃味有关。腺毛密度与主流烟气的总微粒物中的烟碱成正相关。保护毛则对叶片起保护作用。

4. 叶肉：叶肉含有叶绿体。分为栅栏组织和海绵组织两部分。栅栏组织存在于上表皮的内方，是一些平行排列成栅状的长柱形细胞。栅栏组织含有叶绿体，是光合作用的主要场所，它的细胞长轴垂直于叶表面，有细胞间隙，但不十分大，一般品种只有一层栅栏组织细胞。海绵组织在下表皮的内方，一般品种是由三四层细胞构成，个别品种由七八层细胞构成，细胞形状不规则，细胞间隙较大，呈腔穴状。海绵组织含有相当多的圆盘形叶绿体，其直径较栅栏组织的叶绿体稍大。

幼叶比成熟叶的叶肉细胞排列紧密。脚叶的组织较疏松。有毒素病的叶片组织零乱而且较厚。患缺钾症的叶片组织疏松且较薄。

5. 维管束：通常称为叶脉。是输送水分、无机盐元素和同化产物的通道。叶片不同部位的叶脉构造不同，中脉具有内韧皮部，侧脉及支脉都无内韧皮部。维管束的构造随叶脉分枝的变细，而趋于简单，先是次生构造不发达，然后形成层不出现，最后只剩极少数导管和韧皮部的薄壁细胞，到叶脉的末端，只剩有一个管胞。

（三）叶片的生理机能

1. 光合作用：光合作用是通过叶绿体吸收阳光的能量、二氧化碳和水，来制造有机物。烤烟的干物质90%以上直接或间接来自光合作用，光合作用性能的强弱，通常用光合强度来表示。叶片的光合强度因着生部位不同而有差异。同时也受许多环境条件的影响，如栽培密度、施肥、灌溉等。根据河南农业大学和中国农业科学院烟草研究所对小黄金和长脖黄品种的测定，叶子约占全株光合作用总面积的92%左右，同化二氧化碳约占全株的98%；茎的光合作用面积约占6%左右，且光合强度较弱；花序占光合作用面积更小，其中花蕾及幼果，虽有一定的光合强度，但在整株中所占的面积比例最少。

为了增加光合强度，必须合理密植、灌溉和施肥，并配合合理的田间管理，以提高品质和产量。

2. 烟叶的水分生理：叶片是主要的蒸腾器官，不同的环境条件蒸腾强度也不同。例如，在密度较高的情况下，因为株间光照较少，温度较低，所以蒸腾强度也较低，水分的饱和亏缺也较小。在密度较稀的情况下，则相反。栽培密度较大，所产的烟叶含水量较高与此有关。烟草是一种抗旱能力较强的作物，它的保水能力和忍受脱水的能力比抗旱能力较强的向日葵大得多，但是干旱对烟草的生长发育影响很大，所以在生长时期及时而适当的灌溉是十分必要的。

同一品种不同部位的叶片，水分生理也有差异。上部叶片细胞较小，单位面积上气孔较多，叶脉较密，所以蒸腾强度比下部叶片大，同化能力也较强。同时上部叶片细胞液的渗透压值较高，亲水胶体含量较多，能从下部叶片夺取水分和养料，所以缺水时间较长时，下部叶片首先枯黄而发生底烘。

3. 吸收作用：烟草的吸收器官除根外，叶片也具有一定的吸收能力，叶片的角质层较薄，气孔较多，有利于吸收。在国外很早就利用这个特点，进行根外施肥，使烟草通过叶片取得养料，以补根系吸收养料之不足，尤其是微量元素较为明显。河南农业大学1982年用铜、铁、硼、锰等叶面喷施就有明显的效果。

此外，烟叶促熟剂“乙烯利”也是通过叶面喷洒，被吸收后而起作用的，在生产上可根据情况审慎应用。

四、花

（一）花的形态：烟草的花是完全两性花，花基数是5。就是5个花萼、合萼，5个花冠联合，雄蕊5枚，雌蕊2心皮2室。

花萼绿色，钟形，由5个萼片愈合而成。花冠管状，长4～6厘米，上部5裂。花的颜色和大小是识别品种的特征之一。普通烟草花冠长大，红色或基部淡黄色，上部粉红色，雄蕊5枚，轮列与花瓣相间，花丝4长1短，4枚长度与雌蕊相等，便于自花授粉，基部着生在管状花冠的内壁上。花药短而粗，呈肾形，由4个花粉囊构成，成熟时通常连成2室，花药向内作缝状裂开。

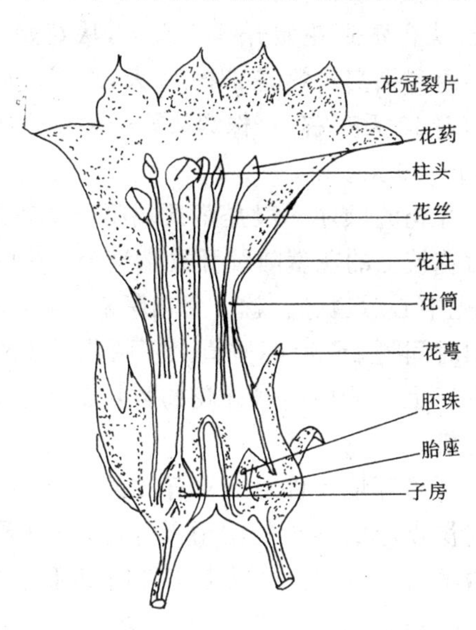

图 2-3　烟草花的构造

雌蕊1枚，由两个心皮合成，子房上位，花柱1个，柱头膨大，在中央线上以一浅沟分为两半。下边为子房，子房内有胎座，胚珠整齐地排列在胎座上（见图 2-3）。

（二）开花习性：烟草从现蕾到凋谢，可以分为现蕾、含蕾、花始开、花盛开、凋谢 5 个阶段。现蕾是花序中部开始出现花蕾；含蕾是花冠伸长到最大限度这一段，但是前端尚未裂开；花始开为花冠前端开裂有缝；花盛开为花冠开裂成平面；凋谢为自花冠枯黄到脱落。

烤烟一般在移栽后 60～70 天开始现蕾。自现蕾到含蕾需 8 天，从含蕾到花始开需 1 天多，从花始开到花盛开需 1 天，从凋谢到果实成熟需 25～30 天，总起来从花蕾出现到果实成熟约需 40 天左右。一株烟从第一朵花开放到最后一朵花开共需 31～49 天。

开花的顺序一般是茎顶端第一朵花最先开放，约二三天以后花枝上的花就陆续开放。整个花序的开放顺序是先上后下，先中心后边缘。就一个花序来说，水平线上前后两朵花开放的时间隔 1～3 天，垂直上下两花开放的时间间隔不规则。1 个花序上 1 天内同时开花的数量最多时，这时正是杂交的有利时机。

外界环境条件对烟草开花的影响很大，阳光好、温度高、相对湿度小的晴天较阴雨天开花多；白天开花约占当日开花总数的 80％以上，尤以上午 8 时到下午 3 时最多；下午 5 时到 9 时和清晨 4～5 时开花很少。

烤烟是闭合授粉植物，天然杂交率只有 1～3％，在花冠开放前，其顶端呈红色时，花药已裂开，花粉已落在柱头上，因此，在花冠开裂前，一般已经授粉，所以，做杂交去雄时，应在花冠呈微弱红色时进行。

五、果实　烟草的果实为蒴果，在开花后约 25～30 天逐渐成熟。蒴果长圆形，上端稍尖，略近圆锥形。成熟时，沿愈合线及腹缝线开裂。花萼宿存，包被在果实的外方，与果实等长或略短。子房2室，内含1200～2000粒种子，胎座肥厚，果实成熟时，胎座干枯。

果皮甚薄，革质，相当坚韧。包括外果皮和中果皮，由4～5层圆形薄壁细胞构成。幼嫩时果皮细胞内含有叶绿体，可进行光合作用。果实成熟时，果皮外部干枯成膜质。果皮内部由三四层扁长方形细胞组成，细胞壁木质化加厚，所以成熟的果实相当坚韧。

六、种子

（一）种子的形态：烤烟的种子一般为黄褐色，形态不一，由圆形到长椭圆形，表面具有不规则的凹凸不平的花纹，这些花纹是由脐处发出许多隆起的种脉弯曲而成，因此种皮表面具有很大的相对面积，吸湿性很强，其湿度很容易随外界湿度变化而变化，所以烟草种子应保存在严格的条件下。我国烤烟种子利用年限一般为2年，烟区为保证播种质量，一般不使用贮存1年以上的种子。

烤烟种子很小，一般种子长650～800微米，宽450～500微米。1克种子有10000～15000粒，千粒重为60～100毫克。一株烟能产生很多种子，因此，繁殖系数较高，这给留种和育种工作带来了很多方便，同时也给栽培上的育苗工作提出了严格要求。

（二）种子的构造：烟草的种子是由种皮、胚乳和胚3部分构成的。

1. 种皮：种皮包被在种子的表面，厚度大致相同，只有腹部略厚，芽孔不明显，种脐略突出，位于种子下端的胚根附近。

种皮自外到内可分为4层，即角质透明层、木质厚壁细胞层、薄壁细胞层和角质化细胞层。

2. 胚乳：位于种皮内方胚的周围，由 2～4 层多角形细胞构成。在种子上、下两端，细胞层数较少，而腹面较多。细胞内含大量的蛋白质结晶（约占 24～26%）、脂肪（约占 36～39%）和少量的糖类（约占 3.5～4%），未成熟的种子含有一定量的烟碱，成熟时则消失。

3. 胚：烟草大多数胚直立，胚根呈圆柱形，尖端略为细削。子叶两片相对结合，着生在胚轴上，两片子叶之间无明显的胚芽分化，仅有一狭长的平面，这就是胚芽的生长点。子叶细胞中含有大量的油滴及蛋白质结晶，与胚乳细胞的结构相同。

第二节　烤烟的生长发育

烤烟自种子发芽、根茎叶的生长、花序分化、开花结实到种子成熟，要经过外部形态、内部结构和生理生化一系列复杂的变化过程。

一、种子播种以前的变化　烤烟种子成熟以后大多有一定的休眠期，研究资料指出，烟草种子必须经过一定的后熟过程才能正常发芽。但也不尽然，据测定，在果实长成以后，虽果皮尚青，但种子已有一定的发芽能力，到果皮由青变黄时，种子已具有很高的发芽率。试验同时证明，刚采收不久的种子，随即播种，其发芽率可达 90%以上，但一经干燥后的贮藏，反而加深休眠，使发芽率降低。

保存种子主要是控制好温度和湿度。温度对种子的新陈代谢有很大的影响，当种子处于低温时，呼吸作用微弱，种子内的有机物消耗极少，因而有较好的发芽基础；当温度升高时，呼吸作用加强，消耗较多的干物质，因而贮藏 2 年以上的种子发芽率明显降低。据研究，在－4℃的温度下，所有种子在

17 年内尚有完全的发芽力，因而在一般情况下应尽可能不将种子放在温度较高的场所，更不能存放时间太长。

就湿度而言，种子贮藏不宜有较高的湿度。一般生产上用的风干种子含水量为 7～8%。若湿度增加，在温度－5℃以上的条件下易受伤害。在温度 10℃以上的条件下呼吸作用加强，消耗增加，不耐久藏，易发生霉变。

种子贮存较久而降低发芽率的原因，一般认为是酶活性遭到破坏和营养物质损失过多，毒性物质因代谢作用积累过多，胚内蛋白质凝固沉淀，胚细胞核的逐渐变性等原因造成的。

二、种子的萌发

（一）种子的萌发过程：成熟的种子，在适宜的条件下经过下面 3 个阶段即可萌发。

1. 物理吸水阶段：种子萌发开始的 12 小时内，主要是种子吸收水分的物理过程，这一阶段吸收的水分约达种子干重的 30%左右，这时种子膨胀，水分暂时停止进入种子。

2. 营养物质转化的生化阶段：吸水停止以后，主要是种子内部发生一系列生物化学变化，这时酶的活动加剧，种子内很大一部分复杂的营养物质转化为较简单的、容易被胚吸收的营养物质。根据现有资料指出，这一阶段对光的反应比较敏感，所以有人称这一阶段为感光阶段。

3. 生理活动的生长阶段：当易被吸收的营养物质积累到足够的数量时，便进入生理活动阶段，胚开始萌动生长，水分又开始迅速地进入种子内，这时代谢仍然旺盛，吸水量达种子干重的 70%左右时，胚根首先穿破种皮而显露出来，其长度约为种子长度的一半时，种子的萌动过程即告结束，其后进入幼芽生长阶段。

（二）种子萌发需要的条件

1. 水分：由种子萌发过程的几个阶段来看，每一个阶段都需要适当的水分才能满足萌发过程的需要。有关试验证明，胚突破种皮之前，在一定程度上周期性地使种子干燥，可增加种皮的通透性，对种子的生活力不但没有显著的影响，还会刺激胚根的生长。但在胚根出现以后，供水不足，则会影响胚根的生长，甚至造成死亡。

2. 温度：生产实践证明，烤烟种子萌发的最适温度为25～28℃，最低温度为11～12℃，超过28℃时发芽加快，但出芽不整齐，若低于12℃时则萌动迟缓。如在萌动之前的吸水和营养物质转化阶段，温度25～28℃时仅需1～1.5昼夜，如果温度在17～18℃时就延长为5～7昼夜。胚根突破种皮之后，幼芽在17℃时并有合适的湿度配合，它能较快地生长，所以在播种前的人工催芽或直接播种时，必须掌握适宜的温度条件。

据试验，烟草种子萌发时，经过变温处理较恒温处理更能促进种子萌发，而且整齐。

3. 氧气：在种子的发芽过程中，随着新陈代谢的逐渐加强，呼吸作用也不断增强，这就需要不断地供应充足的氧气，尤其是烟草种子含油脂较多，脂肪转化更需要较多的氧气。若水分过多，易在种子周围形成水膜，会隔断氧气的供应，因此，人工催芽时，要掌握适当的水分，同时也要将种子勤加翻动，改善其通气状况。

4. 光照：关于烟草种子发芽与光照的关系问题，国内外研究较多，一般认为烟草系需光性种子，在黑暗条件下发芽不良，但也不能一概而论，不同品种对光的反应差异很大，即使同一品种，也因后熟程度不同而有不同的反应。

在生产实践中，烟草催芽时一般是在黑暗条件下进行，也有在光照情况下进行的，尚未发现二者有很大的差异，因此我们认为，只要是正常成熟的种子，发芽时，光照条件尚不是主要因素。

5. 药剂处理：赤霉素和其他微量元素等能促进种子的某些生理机能，尤其是 100ppm 浓度（ppm 为百万分率，100ppm＝0.01％）的赤霉素和 0.05％的硼酸溶液处理效果更好。另外用 0.5％的溴化钾、柠檬酸溶液浸泡经过搓种的种子 14 小时，对种子的发芽率和发芽势有明显的促进作用，尤以柠檬酸效果最好。

6. 机械处理：我国很多烟区多在播种前进行搓种，促进发芽。根据有关报道，搓种后种子重量约减轻 10％左右，种皮外层几乎被磨平，处理以后吸水较快，但吸水量并不增加。可以推断，搓种后能促进发芽的主要原因，在于减轻了皮的束缚，改善了种皮的通透条件。

三、幼苗的生长　当种子在适宜条件下，吸水萌动，首先胚根由珠孔处突破种皮而伸出，一般称为“露嘴”，这一过程约需 4～5 天，这就是催芽以后进行播种的烟芽。播种后约需 4～6 天出苗，这时两片子叶先向下弯曲，呈淡绿色和黄绿色，以后即慢慢展开，颜色加浓，开始它的独立生活。

子叶为椭圆形，结构简单，叶脉不明显，海绵组织与栅栏组织的分化也不明显。随着真叶陆续出现和生长，子叶的功能逐渐减弱，到第四五片真叶出现时，子叶即自然脱落。

子叶出现后 4～5 天，即出现第一片真叶，这时根系生长迅速，第一级侧根出现，而地上部分，生长较为缓慢。再过 3～5 天即有第二片真叶出现，这时两片子叶与两片真叶形成十字形对称，称为“小十字期”。以后每隔 3～5 天出现 1 片新叶，但生长量很小。茎几乎不生长，到3片真叶出现时，已有二级侧根出现，根系生长占优势，所以小十字期以后，又称为烟苗的“生根期”。到第七片真叶出现时，主根长度已达15厘米以上，而且明显加粗，侧根数在30条以上，须根也较多，根系已基本形成。以后根系发展很快，到8片真叶时，已具备健壮而完整的根系。

幼苗叶片的出生和叶片生长的速度与温度、水分条件有密切关系。温度高、水分充足时，叶片出现和生长速度快。苗期的叶面积、叶干重增长速度都是前期慢，后期快。

随着幼苗的生长，功能叶不断上移，小十字期时，第一、第二真叶功能最活跃，到第五片真叶出现时，第三真叶最活跃，到第八、九片真叶出现时，第四至第六片真叶最活跃，第一、第二片真叶功能衰退，开始萎黄。

至于幼苗的茎，在出苗后的1个月内，一直生长缓慢，到7片真叶以后，茎的生长才加速，就长度来说，约有3厘米左右。幼苗内干物质量的90～95％都是在后期积累的。

四、大田期植株的生长

（一）根的生长：移栽起苗时根系受到损伤，但生理活动恢复很快，在移栽细致的情况下，3～5天就能恢复生长。在北方烟区移苗，若带土块较大，随穴浇水，根部基本上不停止生长，只是在最初几天生长较慢些。

烤烟移入大田后，首先在较粗的侧根或主根上发生新根，还苗后根系迅速生长。最初形成的根系主要分布在较浅的耕作层中，随着植株的生长，根系不断地向深处和宽处延伸，逐步形成一个强大的根系。其生长规律是，移栽后30～50天发展最快，以后逐渐减慢，打顶后又可促进根系进一步地发展，到叶片成熟期之后，根系的功能逐渐衰退。

据河南襄城县的研究，在移栽60天后，打顶时，根深已达65厘米，主根圆周已达1.65厘米，形成了一个壮大而广泛的根群。打顶以后，一般根深100厘米左右，深者可达150厘米以上。

烤烟根系的生长与环境条件及有关农业技术措施关系密切。就土壤温度而言，根系生长的最低土温为7℃，最高为43℃，其最适温度为31℃。在7～25℃之间生长速度缓慢，25℃以上生长速度激增，致死低温是1℃以下。就土壤水分和土壤空气来说，根系生长要求适宜的田间持水量为60～80%，当土壤水分不能满足根系的要求时，粗长的侧根就会发生，并向下延伸，吸取深层的水分，但生长的短须根较少；当土壤水分过大时，土层内气体交换受到影响，烟根就多分布在土壤表层。其他如栽培密度过大，施肥不足等都会影响根系的发育。所以生产上应尽量采取合理的农业技术措施，促使根系充分生长发育，为叶片的生长奠定一个良好基础。

（二）茎的生长及腋芽发生

1. 茎的生长：烤烟在苗床时期，尚看不出明显的茎，只有在移栽以后，茎的生长才慢慢显示出来。

烤烟大田期茎的生长，包括延长和加粗两个方面。延长主要靠茎生长点的细胞不断分裂和延长，而加粗则是茎的内形成层细胞活动的结果。

烤烟的茎在整个生长期间，生长速度是不一致的，大体是初期慢，中期快，后期又慢，直到停止。在移栽30天后，茎开始迅速生长，60天以后茎的生长比较缓慢，到现蕾后第一朵花开放时，茎的生长达最大值。至于茎粗，在移栽20天后迅速增加，70天以后增加比较缓慢。

茎的生长与环境条件有着密切的关系，除土壤应有好的养料、温度和水分供应外，光照条件直接影响到茎的生长。移栽密度过大，田间郁蔽，光照不足，中下部茎叶光照少，茎秆就变长变细。

2. 腋芽的生长：烤烟每一个叶腋都有腋芽，所有的腋芽都能萌发而形成分枝。烤烟在开花之前，每个叶腋只有1个芽，称为腋芽或正芽。将开花时，腋芽就逐渐萌发，同时腋芽靠近叶片的一面产生1～2个新芽，称之为副芽。副芽发生的数目不定。从解剖学上观察，副芽是发生在腋芽和叶基部之间的一个侧芽，可以明显地看出，副芽的维管束与腋芽的维管束相连。若从生长点来看，副芽总是在腋芽外侧叶基部的略上部位。

一般烟草品种的顶端优势特别明显，当顶端继续生长时，下面的腋芽通常不萌发，这主要是顶端激素对腋芽的抑制作用。但在打顶后不久，上部的腋芽首先萌发，中下部的腋芽也相继萌发起来，尤其在土壤较肥的情况下更是如此。

烤烟有发生腋芽的习性，生产上一方面在打顶之后及时抹去腋芽或者用药剂处理抑制腋芽的发生，以保证烟叶的品质，但在另一方面，也可利用腋芽发生的特性来培育二茬烟或留杈接头。

(三)叶片的生长：移栽还苗之后，叶片生长较快，叶面积也逐渐扩大。开始时大约每5天出现1片新叶，随着气温的逐渐增高，以后每2～3天就出现1片新叶，到移栽1个月后，每隔1～2天就出现1片新叶，这时是叶片增加的高峰阶段。一般说来，多叶型品种叶片出现较快，少叶型品种叶片出现较慢。越接近现蕾期，叶片出现的速度越快，在现蕾前5～10天，能同时出现3～5片叶，这些叶聚集在一起(但叶片很小)，紧包着花序，有人称这几片叶为“花叶”。这时顶部出现花序，叶片数停止增加。

就一片叶生长的过程来看，从生长点出现突起开始，经过14～16天，幼叶即可显现，以后的生长，大致可以分为3个时期：第一是细胞分裂生长期，即从幼叶出现到定型叶长的1/4止，此期叶面积的增长主要是细胞分裂的结果，但也有扩大伸长；第二是交错生长期，从定型叶长的1/4到2/3，此期叶面积的增长主要是靠细胞分裂、细胞伸长和细胞间隙扩大的综合作用；第三是细胞伸长生长期，从定型叶长的2/3到叶片定型为止。从每个叶片生长的速度看，初期生长快于后期，长度增加快于宽度，夜间增长大于白天，叶片中部和基部增长大于叶尖。

五、花序的生长

（一）*花及花序的分化与形成*：烤烟生长到一定时期，大约在团棵后不久，就开始从营养生长转向生殖生长。首先是茎生长点分化的转变，在营养生长时，茎的生长点不断分化，形成新的叶子，结果使主茎伸长，叶片增多，当转入生殖生长期时，茎部的生长点则分化成生殖器官。其次是分枝式的转变，处在营养生长时期的茎，是按单轴式分枝，但当植株发育到生殖生长时，则按合轴式分枝，茎顶端分化为花，顶花下方的腋芽和副芽，则发展成为分枝，这种现象在植株外部形态上，还不能马上表现出来，直到全部叶片展开，主茎顶部的花发育成花蕾，生殖生长才明显表现出来。

（二）*花序分化的特征*：在营养生长时，茎的生长点是一个平面体，周围有许多分化程度不同的幼叶，当转入生殖生长时，平面体突起而呈尖头状，约有10片左右的幼叶环抱着生长点，使顶芽变得饱满起来，此时主茎叶片数已经固定，生长点分化出3～4个小突起，这就是第一朵花和3个顶生花的原基。

(三)烟草花序的发展:烟草花序是有限的聚伞形花序。烟草转入生殖生长时,顶芽发育成为第一朵花,而腋芽和副芽则变成了花枝,同时2个或3个花枝与第一朵花分布在一个平面上,形成三角形向各个方向发展(见图2-4)。如此循环分化,花愈开愈多,花序也愈来愈复杂,同时主茎顶端也愈来愈开展,终于形成一个圆锥形花丛。

图2-4 花序正面观

六、根、茎、叶生长的相关性

(一)根系的深度与宽度:据观察,在移栽后的初期,根系水平方向的增长速度大于垂直方向,以后则垂直方向发展的速度逐渐大于水平方向。

(二)茎高与茎围:烤烟茎围的增长速度比茎高小得多,但茎围增长的相对速度,在还苗后的初期比较快,迅速增长期也比较早。当茎的延长生长尚慢时,加粗生长进行较快,而当茎的延长生长加快时,加粗生长反而又变慢。

(三)叶数与叶面积:在团棵后叶数与叶面积都比团棵前增长较快,但就增长的倍数来说,叶面积大于叶数。

(四)地上部与地下部:一般根系发达,则茎叶生长旺盛,茎秆粗壮，叶片较大。

第三节　环境条件对烤烟生长发育的影响

一、对幼苗生长的影响　影响烟苗生长的环境因素很多，这里仅就温度、光照、土壤、水分及肥料几个方面加以介绍。

（一）*温度*：烟苗正常生长要求适宜的苗床温度，当平均温度在25～28℃时，生长较为迅速，但这样的温度在光线弱、湿度大的条件下，往往造成徒长。徒长的烟苗节间细长，组织疏松，抗逆力差，因而移栽后还苗期长，成活率低。而在20～25℃条件下，湿度和光照适宜，则烟苗生长缓慢，但烟苗的素质良好，发根力强，移栽后成活率高。温度低于10℃，则生长迟滞。

苗床温度与成苗时间有密切的关系。据贵州、山东、安徽3个烟区试验统计，如果苗床以10℃作为幼苗生长的低限，那么苗期所需要的有效积温在397～627℃，变化幅度比较大。当苗床温度在14.5～23.6℃的范围内，日平均温度每增加1℃苗龄缩短2天左右。

地下温度对幼苗的生长影响也很大，过去有人做过地下部和地上部几种不同温度的试验，结果以地上部15～20℃，地下部20～33℃的组合，烟苗所含的碳水化合物为最多，积累的淀粉较多，根系的活动能力也最强，可见提高地温是培育壮苗不可忽视的环节。

苗床温度不仅影响烟苗本身的形态特征，而且还影响移栽后的发育速度，低温除延长烟草成苗日数外，还在移栽以后现蕾早，出现早花，因而叶数减少。

（二）*光照*：烟苗出土以后，便开始靠光合作用制造有机物质，供自身的需要，所以光照条件很重要，如果光照不足，会引起幼苗地上部徒长，组织幼嫩，形成高脚苗，根系生长也受到抑制。反之，强烈的直射光、紫外光多，能抑制幼苗的生长。特别是在生长初期，过于强烈的直射光，抑制现象更为突出。

（三）水分：烟草出苗到小十字期，根系弱小，即使短期的干旱，也会给幼苗生长带来极大的不利，甚至导致死亡，故此期苗床应保持湿润状态。从2片真叶到4片真叶，地上部分生长缓慢，为了促进根系的发育，应适当控制水分，或给以短期的干旱，为后期地上部分的生长打下良好基础。从4片真叶到幼苗形成，这个过程较长，在幼苗根系基本形成和继续壮大的基础上，叶和茎开始旺盛生长，苗株的新陈代谢增强，蒸腾量大，需水量增多，应适当地供给水分，但若在短期内供应过多的水分也会引起幼苗徒长，而形成柔嫩的幼苗。在成苗之前，为了使幼苗生长健壮，能适应移栽后的自然环境，应停止水分的供应，使其经受锻炼，而获得抗逆性强的壮苗。

（四）肥料：根据试验，春烟的苗期从播种到2～3片真叶，单株干重仅为4.3毫克，对肥料的吸收量很少。7片真叶时，单株干重迅速增加，比以前增长将近100倍，对三要素的吸收也迅速上升，在此期间，吸收氮素占苗期的29.84%，磷24.96%，钾20.91%。8～10片真叶时，单株干重又比前期增长2～3倍，氮、磷、钾的吸收量分别占苗期的68.37%、72.76%、76.7%。由此可见，烟草幼苗在十字期以前需肥量很少，十字期以后逐渐上升，而以成苗前的半个月，需肥量最大。

二、对大田期生长发育的影响　环境条件对烤烟大田期生长发育的影响牵涉的方面较多，现仅就气候和土壤等自然因素加以讨论。

（一）光　照

1. 光照强度：烤烟是喜光作物，只有在充足的光照条件下才有利于光合作用,提高产量和品质。如果光照不足,细胞分裂较慢,细胞延长和细胞间隙加大,特别是机械组织发育很差,植株生长纤弱、速度缓慢,干物质积累减慢,致使叶片薄而面积较大,内在品质差。如在强烈日光下照射的烟叶,栅状组织细胞大而长,同时栅状组织和海绵组织的细胞壁加厚,机械组织较发达,主脉突出,叶肉变厚,形成所谓"粗筋暴叶",叶片的氮化物含量过高,影响品质。在栽培上,应该合理密植,让烤烟在适宜的光照条件下生长,使叶片有较多的栅状组织和海绵组织,细胞间隙适宜,叶肉厚薄适中,尤其在成熟期,光照更是必要的条件。

2. 日照时数:烟草在大田的日照时数,根据南方的资料,在一般生产情况下,大田期间日照时数最好达到 500～700 小时,日照百分率要达到 40%以上,收烤期间日照时数要达到 280～300 小时,日照百分率要达到 30%以上,才能生产出优质烟叶。大田日照时数在 200 小时以下,日照百分率在 25%以下,采收期间日照时数在 100 小时以下,日照百分率在 20%以下,烟叶的品质就较差。

3. 日照长短:光照对烤烟生长的影响不仅在于强度和波长,还在于光照时间的长短。一般认为,烟草是短日照植物,缩短光照可提早现蕾开花,但有的品种并不是这样。大多数烟草品种,对光照条件的反应是中性的,只有多叶型品种,是典型的短日照植物,而少叶型品种,则对光照的反应不敏感,缩短光照时间,并不能使植株提前现蕾,这对于我国南北烟草引种有很大的方便。

每日光照时间的长短,不仅影响烤烟的发育特性,而且对生长有密切关系。在一定范围内,光照时间长,延长光合时间,可以增加有机质的合成,当光照减少到每日 8 小时左右时,则烟株生长缓慢，而且叶片减少，植株矮小，叶片黄绿，甚至发生畸形。

（二）温度：烟草原产于热带或亚热带，在温暖的条件下生长最快，决定烟草的分布，主要是无霜期的长短。在温度适宜的条件下，从移栽到成熟约需 110～130 天，但也因品种和地势条件的不同，从移栽到成熟的时间也有一定的差异。

以烤烟来说，如果栽培季节经常处于适温的条件下，植株虽然生长迅速，形成庞大的营养体，但品质往往不佳。从品质观点来看，对气温条件的要求是前期较低，中期较高，成熟期不太高为适宜。为了得到良好品质的烟叶，在成熟期的 7～9 月份，必须在不低于 20℃的温度下生长，一般温度 24～25℃持续 30 天左右较为有利。在温度 16～17℃条件下成熟，烟叶品质最差。所以 7～9 月份平均温度在 20℃以下的地区，不是烟草生长的理想地区。获得优良的烟草种子，大致也是这样的温度。所以夏烟移栽不能过晚，否则，秋季较低的温度会影响烟叶的产量和品质。

1. 烟草大田生育期的适温：烟草在大田生长最适宜的温度是 25～28℃，最低温度是 10～13℃，最高温度是 35℃。高于 35℃时，生长虽不会完全停止，但将会受到抑制，同时，在高温条件下烟碱含量会不成比例地增高，影响品质。在昼夜平均温度低于 17℃时，植株的生长也显著地受到阻碍，并降低其对病害的抵抗能力，在温度降低到－2℃至－3℃时，会使正常的植株死亡。因此，在烟草移栽到大田时，必须掌握土壤 10 厘米深处的温度在 10℃以上，并有稳步上升的趋势。

低温能促进烟株的提前发育，但不同品种对低温的反应亦有差异。一般对日照反应比较敏感的品种，对低温反应也比较敏感，所以在生长的前、中期，如果遇到较长时间的低温，则容易发生早花现象。

我国烟草分布的情况，基本上以温度作为分界线。河北、山东以北的地区种春烟，其南部可以种春烟和夏烟。福建、广东等南部省份一年四季均可种烟，云南、贵州因烟草多种于高原或山区地带，年平均温度不太高（如云南 5～9 月份的平均温度约 20℃左右，最高温度不超过 35℃），所以仍以种春烟和夏烟为主。

2. *烟草大田生育期的积温*：烟草为了完成自己的生命周期，需要一定的积温。积温有物理积温（生育期间昼夜平均温度）、活动积温（烟草生育期间高于生物学下限温度的总和）和有效积温（活动温度与生物学下限温度之差，即有效积温的总和）。关于总积温问题，在整个大田期，原苏联 Н·И·沃罗达尔斯基提出，烟草整个生育期，昼夜平均温度总和为 2 200～2 800℃。美国材料，在他们的重要烤烟区，整个大田期昼夜平均温度总和是 2 495～3 180℃。贵州烟科所指出，烟草苗床期大于 10℃的活动积温为 950～1 100℃，有效积温为 350～450℃，从移栽到成熟大于 10℃的活动积温为 2 200～2 600℃。河南襄城县提出，大于或等于 8℃积温在 2 000℃以上，是许昌地区烤烟生产热量的基本条件，烤烟成熟阶段有效积温达到 1 000～1 300℃，可保持烟叶品质优良、吃味醇和、燃烧性好、香气浓。有效积温过高，反而降低其有效性。

烟草生长期间，积温条件适合生长发育的需要，才能获得稳产优质的烟叶。如果生长期间的昼夜平均温度较低，植株为了满足自己所需要的温度总和，完成生长所需要的天数就加多。究竟什么时间移栽，既能充分利用温度条件，使烤烟在大田生长期间有合宜的积温，而其他条件又能充分发挥作用，各烟区均在研究，而且已有成果，应因地制宜，不能一概而论。

3. 昼夜温差：一般作物，为了加强同化物质向根茎和种子中输送，减少呼吸作用的消耗，增加有机质在主要经济器官中的积累，一般以昼夜温差较大为好。至于烟草，其主要经济器官是叶片，它既是制造器官也是贮藏器官，所以就它的生长发育来说，昼夜温差较大，有利于加强同化物质向根茎等器官运输，对植物体的生长发育有利。但有人认为在烟叶成熟阶段，昼夜温差较小，增加光合产物在叶片内的积累，对提高品质有利。

（三）土壤：各种类型的烟草有它较适宜的土壤，而各种土壤都可以种植烟草。就烤烟来说，其要求大致有下列几个方面：

1. 土壤质地：就是土壤的砂粘程度。一般说来表土是疏松的轻壤，而心土是略紧实的中壤较为适宜，这样的土壤既有保水保肥能力，又有一定的排水通气性能，适宜于烟草的生长发育，在这种质地的土壤上，烟草的前、中期生长正常，而后期又能适时地落黄，产量和品质均好。质地粘重，排水通气性差，土温不易上升，养分供应能力也表现迟缓，种在这类土壤上的烟株，前、中期生长缓慢，后期则成熟较迟。反之，在砂性的土壤上，抗涝而不耐旱，保水保肥能力差，烟草在前、中期尚能正常生长，后期则有脱肥现象，结果产量低，叶片薄而色淡，油分不足，品质也差。

2. 土壤肥力：土壤肥力的高低，对烤烟产量及品质有很大的影响。土壤有机质的含量，在很大程度上，决定着肥力水平。有机质含量适中的土壤，能生产出产量较高和品质较好的烟叶。但土壤有机质含量过多，肥力水平过高的土壤，所产生的烟叶主脉粗，叶片肥厚，烟碱和蛋白质等含氮物质增高，色泽较差，而品质不良。反之在肥力过低的情况下，由于营养缺乏,烟株生长势弱,植株矮小,叶小而薄,产量和品质均差。

就土壤养分含量来说,肥力过高一般不应种烟,以中肥力地和低肥力地适当施肥,种烟较为适宜。同时还应考虑土壤含钾和磷应高一些,速效氧化钾应在100ppm以上,速效磷在10ppm以上,氯的含量不应过高。

3. 土壤酸碱度:一般以氢离子浓度(pH值)表示,土壤在氢离子浓度3163～3.16nmol/L(pH5.5～8.5)时,烟草都可顺利生长,但最适宜的土壤酸碱度为弱酸性至中性,即氢离子浓度3163～100nmol/L(pH5.5～7)。国外烤烟土壤在氢离子浓度3163～316.3nmol/L(pH5.5～6.5)的范围。pH值过高时,影响烟草对磷、铁、锰的吸收,而呈缺素症状。但pH值低的土壤呈强酸性也不利于烟草的生长。我国烤烟区的土壤由于灌溉和施肥等原因,近年来土壤偏碱,只有南方土壤和黄淮海烟区的少数土壤氢离子浓度大于100nmol/L(pH值低于7),北方烟区氢离子浓度小于10nmol/L(pH8以上)的尚不在少数。

(四)地势:地势的高低对烤烟的生长发育和产量品质有密切的关系,这主要是土壤空气、土壤水分、土壤温度、土壤养分含量和气候条件的影响。在山麓和丘陵地区,地势较高,排水良好,地下水位较低,土壤含钾量较高,有利于烟草的生长,所产的烟叶往往品质较好。低洼地带排水不畅,地下水位较高,土壤粘重且养分不协调,所以烟叶往往品质较差。

(五)降水:烟草在大田生长期间降雨量的多少与分布情况,直接影响着烟叶的产量和品质,如果雨量分布均匀,温度和其他条件又比较合适,则烟叶就能很好生长,叶片组织较疏,叶脉较细,弹性较好,调制后色泽金黄、橘黄。过于集中的暴雨或田间积水,对烟株生长不利,但也不能以年平均的降雨量来衡量，最好是移栽期间要有一定的降水，日照又不太强，土壤湿度大一些，蒸发量小一些，以利于还苗成活。而移栽成活后，应当是天气晴朗，雨水少一些，以利根系的发展，为旺长期打下良好的基础。旺长期则要求有足够的雨水，以使茎叶迅速地生长，不然会影响产量。当烟叶进入成熟阶段之后，雨水不要太多，否则会影响成熟，降低品质。

春烟大田生育期一般在5～8月份，这段时间内降雨量在400～520毫米比较适宜，还苗至团棵期约需80～100毫米，旺长期约需200～260毫米，成熟期约需120～160毫米。还苗至团棵期需水量较少，土壤保持最大持水量的50～60%，根系发育较好，地上部分生长正常，对中、后期生长有利。旺长期以保持土壤最大持水量的80%，有利于烟株开秸开片，干物质积累多。现蕾至成熟期，保持土壤最大持水量的60%，有利于优质烟的形成。这就是栽培上是否对烟草进行灌溉的依据之一。

（六）风、霜、雹：由于栽培烟草的目的是要得到完整无损的叶片，而烟草的植株高大，叶片大而柔嫩，5级以上的大风，对烟草影响很大，尤其是接近成熟的烟叶，遭受了风灾，其产量和品质会受到严重影响，叶片互相摩擦而发生伤斑，初呈现浓绿色，后又转为红褐色，直至最后干枯脱落。一般植株上部叶片受害较重。受害的叶片一般称为“风摩”。有些地区，在生长期间的干热风虽然风力不大，但可使空气干燥，影响烟叶生长。

冰雹对烟叶的危害性更大，一旦发生，可以留育杈烟，以减少损失。

霜冻也是应当注意的，不仅烟草幼苗怕霜冻，成熟的叶片受霜冻危害后影响更大，受霜冻的烟叶从叶尖开始，初呈水渍状，后变为褐色，严重影响烟叶品质。因此，烟草应适时移栽，尤其是北方烟区的夏烟，应尽可能在无霜期的适宜温度下完成整个生育期。

第三章　烤烟的产量与质量

第一节　产　量

烤烟的产量是由单位面积上的株数、单株留叶数和每片叶的重量 3 大因素构成的。在这些构成因素中，改变其中任何 1 个因素，都会使产量发生变化，尤其是单株有效生产力（即单株产量）是决定总产量的关键，而单株叶面积和单位叶面积重量，又直接影响到烤烟的质量。因此，在烤烟生产中，提高产量有 3 条途径可循，但它们反映在烟叶质量上的结果是不一样的。

增加单位面积上的株数，产量会显著提高。在保持单株留叶数不变的情况下，单位面积上的株数超过一定范围，单叶重则会随着密度的增加而逐渐下降，这样必然导致烟叶的内含物质减少，而使品质降低。

增加单株留叶数，产量亦会显著增加。在保持单位面积上株数不变的情况下，单株留叶数超过一定的范围，单叶重会随单株留叶数的增加而逐渐下降，同样会造成叶小、叶薄、内含物质减少，使烟叶品质降低。

把单位面积上的株数和单株留叶数控制在一定的水平上，采取扩大单叶面积，提高单位叶面积的重量，同样可以提高产量。这是目前优质烟生产中唯一可走的途径。但必须指出，单叶面积和单位叶面积重量，要有一个恰当的配合，一味追求单位叶面积重量，同样会使烟叶的可用性降低。

第二节 质 量

烤烟的质量是指烤烟的优劣程度。包括色、香、味和安全性等方面。质量分内在质量和外观品质。内在质量主要指烟叶的化学成分和评吸时的香气、吃味等；外观品质主要指烟叶的商品等级好坏。

一、内在质量

（一）内在质量因素及表现：烤烟的内在质量包括香气、吃味、刺激性、劲头、燃烧性和灰色等因素。

1. 香气：是指烟叶本身或烟气中发出的一种特殊的、令人满意的气味。香气有清香、浓香和中间型香。烟叶香气与品种、土壤、肥料、气候和栽培技术有关，尤以品种起重要作用。质量优良的烟叶香气质好、香气量足、杂气少；质量低劣的烟叶香气极少或没有香气；采收成熟的烟叶烤后香气好，成熟度差的烟叶烤后香气差，青杂气重。

2. 吃味：是指反映在口腔内酸、甜、苦等味道的总称。质量优良的烟叶，吃味醇和，甜中略带酸味，苦味是烟叶低劣的表现。烟叶中还原糖和氮化物的含量适宜，吃味好，树脂、芳香油和酚类等物质对吃味有良好的作用。

3. 刺激性：是指烟气对口腔、鼻腔和喉部引起刺、辣、呛等不愉快的感觉。质量好的烟叶刺激性小，反之则大。

4. 劲头（又称生理强度）：是指烟气吸入口腔后的生理效应。主要是尼古丁（烟碱）和其他含氮化合物的作用。质量好的烟劲头足，反之则差。

5. 燃烧性：烟叶燃烧性好，灰为白色，香气、吃味较好。阴燃时间越长越好，阴燃持火性差的烟叶易熄火。烟叶中钾含量高燃烧性好。氯含量高易黑灰熄火。

（二）烟叶的主要化学成分：烟叶的化学成分，在很大程度上可以作为反映品质的客观标准。主要化学成分的含量及其比值，直接影响着烟叶质量的优劣。

烟叶的化学成分十分复杂，一般分为非含氮化合物、含氮化合物和无机盐 3 大类。

1. 非含氮化合物：包括单糖、双糖、淀粉、纤维素、果胶质、芳香油、树脂、蜡和多酚类等。烟叶中总糖含量，一般为 18～22％。淀粉在烟叶燃烧时，产生难闻的气味，影响烟叶质量。但在烘烤过程中一般都分解为单糖。单糖又称还原糖，对烟叶的品质起良好作用，可使烟叶弹性变好，吸味变佳，一般含量要求在 16～18％的范围内。树脂、芳香油等是形成香气的因素之一，充分成熟的烟叶，其含量增高，烘烤后表现为油分足。

2. 含氮化合物：包括蛋白质、氨基酸、烟碱和叶绿素等。优质烟的蛋白质含量以 8～10％为好，含量过多香气、吃味均差，刺激性大，品质低劣。这是烟田施氮肥过多或烟叶不成熟就采收造成的。烟碱又称尼古丁，含量多少与劲头大小有关。烟碱能使吸烟者精神兴奋、减轻疲劳，烟叶被人们利用作为嗜好品，就是因为含有尼古丁的缘故。随着卷烟工业的发展和吸烟者对安全性的要求，卷烟装接滤嘴，在滤嘴上打孔，以稀释烟气，降低焦油量，所以对烟叶的烟碱含量要求较高。优质烟叶要求烟碱含量在 2.5％左右，其幅度一般为 1.5～3.5％，烟碱含量高低对烟叶品质起着重要作用。烟碱是从烟株根部合成后输送到叶片中去的，因此，施氮量、打顶、抹杈、留叶数，对烟碱含量的影响都很大。

3. 无机盐：主要有磷、钾、钙、镁、氯等，它们在烟叶生长发育过程中均起一定的作用,对烟叶的质量影响很大。

钾能提高烟叶的内在质量,一般优质烟叶含钾量高达3%以上。钾能提高烟叶的燃烧性,使灰色洁白,叶片柔和,外观品质提高。

氯影响烟叶的燃烧性。其含量在1%以下为好,超过1%则燃烧不良,会出现黑灰熄火现象,品质变差。所以土壤含氯量过高,不宜种烟,生产上忌用含氯肥料。

概括起来,烟叶主要化学成分不仅要有适宜的指标,而且要求有一个适宜的比值,使之相互协调。一般认为优质烟叶的化学成分含量为:总氮1.5～3%,还原糖16～18%,蛋白质8～10%,烟碱1.5～3.5%,钾3%以上,氯1%以下,是比较适宜的范围。其相对比值为:总糖与蛋白质之比以2～2.5∶1为宜;总糖与烟碱之比以10∶1为宜;总氮与烟碱之比以1∶1为宜;钾与氯之比大于4∶1为宜;焦油与烟碱之比以10∶1以下较好。

二、外观品质 烤烟外观品质的好坏,与烟叶的内在质量有一定的相关性。烤烟分级的国家标准,就是利用与内在品质有关的外观因素,来区别烟叶的好坏,它基本能体现出与内在质量的一致性。主要因素有以下几个方面:

(一)成熟度:烟叶的颜色、油分、弹性和身份,均与烟叶的成熟度有关。成熟度好的烟叶烘烤后,油分多,弹性好,劲头足,香气好,吃味醇和舒适,杂气和刺激性小,质量好;未熟烟叶烤后带青,杂气重,各项质量指标都很差。因此,烟叶分级的国家标准,把烟叶成熟度作为鉴别质量的主要因素之一,收烤时,必须注意采收十成熟的烟叶,才能烘烤出质量高的烟叶。

(二)身份:身份好的烟叶内在质量较好,反之则差。身份包括油分、厚度和叶片结构。油分是指烟叶组织细胞内含有的一种柔软半液体或液体物质。油分与碳水化合物的含量有关，而碳水化合物又与氮化合物互为消长，直接影响着烟叶油分的状况。油分影响烟叶的香气和吃味，油分多的烟叶香气质好、量足，刺激性小，杂气少。厚度是指烟叶的厚薄程度，厚薄适中最好，过厚、过薄的烟叶，质量均差。叶片结构是指烟叶细胞发育的状况。成熟度好的烟叶细胞疏，有弹性，以叶面细胞疏的烟质好，细胞松和紧密的烟质差。组织细致，被认为是光滑叶。

（三）色泽：是指色彩的饱和程度。包括颜色和光泽。颜色是指烟叶经调制后呈现的色相关系，它与烟叶内在品质关系密切。烤烟的基本色是黄色，以金黄、橘黄最好；淡黄、深黄次之；红黄、棕黄较差；青黄和黄带浮青的最差。光泽是指烟叶一种颜色的洁净度或明暗度。光泽强的烟叶质量较好，弱的较差。

（四）叶片长度：上等烟要求 40 厘米以上，中等烟 35 厘米以上，下等烟 30 厘米以上，低等烟 25 厘米以上。

（五）杂色、残伤：杂色、残伤对烟叶质量都有一定影响，各个等级均规定了一定的限制范围。

三、安全性 提高烟叶使用时的安全性，是当前优质烟生产中应达到的目标之一，同时也是当前国内在研究烟叶质量时特别注意的一个问题。烟气中对人体有害的物质，主要表现在焦油和烟碱的含量上，烟碱对满足吸烟者的生理需要与嗜好是必要的，焦油则是烟叶燃烧不完全产生的，应尽量降低其含量。烟叶燃烧性好焦油少，反之则多。目前要求每支卷烟焦油含量应在 15 毫克以下，工业上利用滤嘴、发展薄片和制造混合型卷烟等，以降低焦油含量。所以，要求烟叶的烟碱含量高，以满足吸烟者的需要。

第三节　产量与质量的关系

烤烟的产量与质量是同一事物的两个方面，在一定的环境条件下和产量范围内，随着产量的增加品质相应地提高；超过一定的产量限度，环境条件就不能同时满足两个方面的要求，随着产量的增加则品质逐渐下降。因此，生产上应采取合理的农业技术措施，把产量和质量的两个最高点统一在一个水平上，达到稳产而优质的目的。烟叶产量易得，优质难搞，当前的主要矛盾是提高烟叶质量。这样，必须把亩产量限制在150～200千克范围内。树立以质量求效益的观念，走稳产优质的正确道路。

第四章　培育壮苗

最早的烤烟播种是采用直播法。将种子浸泡、搓种、催芽后直播大田。烟苗出苗不齐，烟棵高低不一，同部位烟叶成熟不一致。改直播为育苗移栽是烟草栽培的一大技术改革，移栽苗经挑选后基本上可解决烟棵高低不一和成熟期不一致的问题。育苗的方式经过平畦覆盖草根或草帘，阳畦，塑料薄膜覆盖等一系列的改进，加之近年来对烟草栽培水平和烟叶品质要求的不断提高，育苗技术在我国不同烟区要求均较严格，水平也不断提高。

第一节　育苗的要求

幼苗阶段叶片组织柔嫩，抗逆力很差，通过小面积塑料薄膜覆盖育苗，可控制良好的温度、水分和卫生条件，并通过间苗的筛选，使移栽苗整齐一致，为大田期的生长创造了良好条件。

一、壮苗 所谓壮苗就是烟苗代谢正常，有机养分合成和积累较多，内含物丰富，抗逆性强，移栽后还苗快，成活率高。反之，弱苗的叶片组织柔嫩，苗色常发黄，营养不足，根系不发达，移栽时烟苗容易失水凋萎，成活率低。当然，烟苗过大，苗龄过长，组织老化的烟苗，还苗亦慢，也不是壮苗。壮苗应具备下列条件。

（一）根系发达：根系强大，侧根发达，是烟苗健壮生长的主要标志之一。壮苗的侧根数多，分布幅度大，活动能力强，移栽还苗快。烟苗的侧根是大田烟株根系的基础，侧根发达时大田烟株的根系密集范围广。反之，大田烟株的根系就受限制，最终影响叶片的开展。安徽省烟草所 1960 年测定，成苗期壮苗的根干重为 119 毫克，而弱苗仅 16 毫克；壮苗的伤流液为每夜每株烟苗 343 毫克，弱苗的伤流液仅 154 毫克。河南农业大学 1980 年测定结果，成苗期根系干重为 0.042～0.064 克，侧根数为 42～79 条。河南烟区非常重视烟苗的根系培育，提出育苗先育根的技术方法，对促进壮苗形成起到很大作用。

（二）节间较短，幼茎粗壮：幼茎纵横生长适当，茎叶比例协调，也是衡量烟苗壮弱的重要标志。茎长 3～4 厘米，节间短，茎秆粗，根、茎、叶发育平衡，是壮苗的基本要求。茎长达 10 厘米，只要茎叶协调，没有明显的茎细、叶窄、苗黄现象，亦属壮苗，这种苗对于某些需要起垄深栽的烟区更适宜。茎秆长度达 10 厘米以上且节间长，根茎基部木质化程度过高的烟苗，大田生长阶段会形成茎基细、茎秆粗的现象，地上、地下的水分、无机盐和有机物运输不畅，叶片难以开展。

（三）叶数适当，叶色正常：烟苗的叶片数并非越多越好，一般6～8片为适宜。叶片过多，移栽后凋萎叶片多，还苗时间长。叶片过少时，烟苗过小，大田生长前期时间过长，增加田间管理的工作量。烟苗的单株叶面积以150～250平方厘米为宜，既可保持一定的叶面积，使光合产物积累多，也有利于移栽后少脱水，还苗快。壮苗叶片要求正绿或深绿。黄绿则是氮肥不足、苗床积水或间苗不及时所致，是弱苗的表现。叶片浓绿则是氮素代谢过旺，大多数是因为施氮肥多，磷、钾肥缺少所致，也不是壮苗。

（四）叶片厚，组织致密：壮苗较弱苗的叶片厚度大，单位叶面积重量高，临界含水率低，持水能力大。只有这样，烟苗才能抗旱、抗寒，抗病力强，是壮苗的根本之所在。因为烟苗移栽后根系恢复生机需要大量的碳水化合物，烟苗尚未恢复正常生长时，叶片贮存的有机物少，烟苗还苗慢。弱苗之所以不耐旱，是由于叶组织的内含物较少，易脱水凋萎。

二、适时 烟苗长成适栽苗时，恰是移栽适期，对保证大田烟株的良好生长也是相当重要的。苗床期时间的长短，依苗床生长阶段的气温和覆盖物不同，以及所播种子和烟芽不同而有很大差异。苗床期一般为50～60天。黄淮烟区的移栽适期在4月下旬至5月上旬。移栽偏早的烟区由于苗床前期气温低，可略提早播种。移栽偏晚的烟区，则要晚播。苗等栽期或栽期等苗，对大田生长都不利。

三、足数 只有培育足够的烟苗，才能实现种植计划，而且要有足够的预备苗，以保证移入大田的烟苗整齐一致。烟苗不足，势必要移栽部分小苗和弱苗，造成栽培管理和采收烘烤的困难。烟苗的数量要依种植密度、苗床成苗率和补苗率而定，一般要有15%左右的预备苗。

四、苗齐 大田烟株高低一致，同部位烟叶成熟一致是优质稳产的保证，而烟苗大小一致是田间烟株高低一致的基础。育苗移栽与传统的直播法相比，最大的优点就是移栽苗的大小一致，因此，苗齐是对育苗的最基本要求。

第二节　育苗方式的选择

烤烟在国内外分布相当广泛，各地自然条件和技术经济基础不一致，所采用和推广的育苗方式不尽一致。但所用保温覆盖物除东北烟区的部分地方在塑料大棚内搞地埋烟管增温外，大多是用塑料薄膜作覆盖物。目前生产上通用的育苗方式有以下几种。

一、平畦育苗　黄淮烟区因地势平坦，地下水位不太高，苗床期雨水较少，多采用平畦。平畦的畦面与地面水平。标准畦一般净长 10 米，宽 1 米，畦埂底宽 27～33 厘米，高 13～18 厘米，两畦中间留 40～50 厘米宽低于畦面的人行道。过去采用平畦育苗，是在移栽前浇灌苗床，挖湿土垛移栽，现在改为干垛移栽，提高了移栽质量。

二、高畦育苗　南方烟区雨水较多，多用高厢苗床。畦面高出地面，四周挖排水沟，便于排出过多水分。高畦的规格与平畦相近。

三、划块育苗　做畦方法（规格）同平畦育苗，做好畦后将畦面土壤起出 7～8 厘米，翻出的土壤与肥料按 4～5：1 配成营养土（腐熟粗肥 150～200 千克，发酵饼肥 2～3 千克或各 15％的氮、磷、钾复合肥 1.5～2 千克、过磷酸钙 2～3 千克）。在整平的畦内依次喷敌百虫或施一层毒谷，撒 2 毫米左右厚的细砂，稍撒一层黑矾（硫酸亚铁），实施苗床“三铺底”。然后再把营养土填入畦内，搂平踏实，播种前洇 2～3 次水，待水完全下渗后，用利刀按 6～7 厘米见方把苗床地面划格，然后播种。

四、营养袋育苗　此种育苗方式目前已在全国推广，分塑料薄膜袋和纸袋装营养土育苗，这两种袋的营养土配制及苗床整理均同划块育苗。营养袋制作方法有：

（一）手工制作：用塑料薄膜或废纸制成高 8～10 厘米，直径 7～8 厘米的圆形营养袋，然后装入事先配制好的营养土，整齐地排在苗床内，由于营养袋是圆形的，袋与袋之间的空隙随排袋随填平压实，以免透风跑墒。

（二）方块制袋器：由于塑料薄膜制袋、废纸粘袋，制作费时，装营养土不方便。近年来河南对不同形式的制袋器经过应用筛选，普遍认为方块制袋器的效果很好。这种制袋器的制作是在 100 厘米长，8 厘米宽，3～5 厘米厚的木板上，每隔 8 厘米钉一块 8 厘米×8 厘米的拐角铁皮，这样可在 100 厘米长度上钉 13 块铁皮，放在苗床上即成 12 个 8 厘米×8 厘米的方块制袋器（见图 4-1），可制袋装土一次做成。具体方法是，把制袋器在苗床（标准畦）横向放正，在每个方形空位里放入

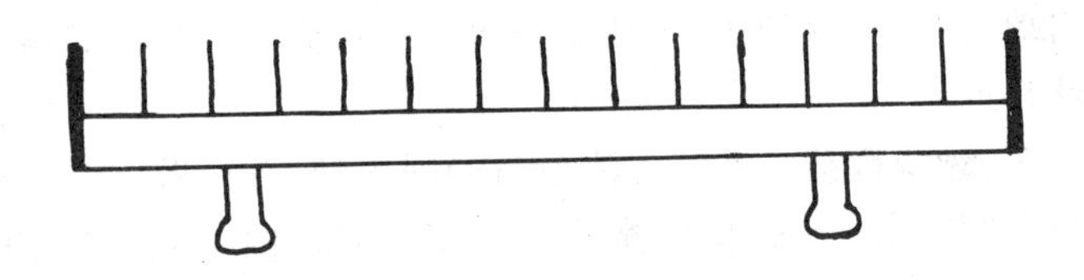

图 4-1　方形制袋器

长 36～40 厘米，宽 8 厘米的废纸，使纸紧贴铁皮，随手装入并压实事先配成的营养土，装完一排，把制袋器向后拉到合适位置（仍为 8 厘米×8 厘米方形），再装下一排。这样，就省去了粘袋和袋子装土后在苗床放置的不便，使制袋和装营养土的

速度大大提高，并且袋与袋之间无空隙。

五、营养钵育苗 苗床准备与营养袋不同的是，营养土配成后，把制钵器放在整平了的苗床一头，将营养土填入制钵器中压实，然后取出制钵器，在新制成的钵上撒上草木灰。制作第二排营养钵时，使钵的位置与第一排错位排放，以减少钵间空隙，使整齐放于苗床内。U 形制钵器是河南省陕县烟草公司研制成功的，并获得国家专利。其制作是用薄铁皮制成 U 形空洞，填营养土压实后向后取出制钵器即可(见图 4-2)。

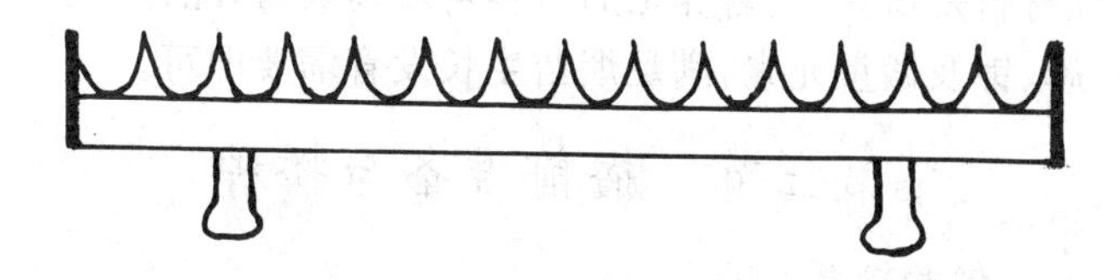

图 4-2 U 形制钵器

这里要强调几点：一是划块育苗、营养袋和营养钵育苗的播前浇水同平畦育苗，而苗床后期要充分炼苗，移栽时苗床不浇水。二是营养袋和营养钵育苗的营养土要配好，并粉碎过筛，苗床“三铺底”，移栽时烟苗易从苗床取出。装袋制钵时，营养土的湿度要掌握好，不能过湿或过干，以手握成形，掉下散开为宜。三是播种时，为使烟芽均在营养袋或营养钵中间，采用 3～4 千克细土与烟芽混匀后，用小勺取之，离营养袋或营养钵较近距离下落到袋或钵的正中间，且均匀散开。

六、塑料格盘育苗 塑料格盘是用聚乙烯制作成布满钵孔的塑料盘。加拿大的蜂窝格盘所容烟苗较多。我国现在的塑料格盘长 40 厘米，宽 30 厘米，可容 4 厘米口径，底径 1 厘米，深 5 厘米的钵孔 100 个。这种方式在东北烟区广泛采用。

其方法是先在塑料大棚里用木板或高粱秆制作一长3.5米，宽1.5米的离地母床，烟苗小十字叶时，移入格盘，可供30亩烟田使用。塑料格盘育苗由于钵体积较小，要求营养土的配制较精细。东北烟区一般用40%的腐殖土，40%的隔年土粪，20%的沙子，另加氮、磷、钾复合肥少许。加拿大的营养土更复杂，用泥炭、蛭石等材料。营养土的材料多种多样，但保持营养土疏松透水是共同原则。如果营养土粘性大，钵块难以取出，移栽苗伤根较多，不符合格盘育苗要求。

根据我国现阶段的经济技术基础，塑料薄膜作为育苗的保温材料是适宜的。营养土的材料可就地取材，配合一定量的氮、磷、钾及微量元素，满足烟苗生长发育需要即可。

第三节　播前准备与播种

一、播前准备

（一）备足苗床底肥：底肥优劣对育苗成败关系很大。欲达烟苗合理地快速生长，移栽时能成为成活率高的适栽苗，则需要合理的肥料供应。烟草种子小，内含物少，出芽后就要求有及时的环境营养促进生长，人为地给烟苗生长创造良好的无机营养条件是非常重要的。但若施肥不当，过多地使用氮肥，尤其是氨态氮，会使烟苗发黄不长。相反，出苗时营养不足，会使烟苗形成先天性不健壮，根系少，苗色黄，叶片薄。所以从某种程度上说，底肥优劣是培育壮苗的关键环节。

可用于苗床的肥料很多，农家肥以粗肥、饼肥、鸡粪为优；化肥以氮磷钾三元复合肥、硝酸铵、过磷酸钙、硫酸钾为优。

上述的农家肥要达到肥性稳，壮而不暴。其方法是，在上年的8～9月份或伏天，将肥积起，充分沤制，中间要翻动二三次，检查肥堆内水分、通气状况，满足发酵条件。外观上要沤烂、沤碎、无粘块。饼肥和鸡粪也要在上年的10～11月份堆沤，要沤得发虚、发黑、成碎末状。营养要丰富，施肥中保证氮、磷、钾齐全，其比例为1∶1∶1。

苗床肥料的用量。农家肥，以10米长、1米宽的畦来讲，需粗肥150～300千克，饼肥5～6千克，鸡粪5～8千克。或者每畦施20千克左右的鸡粪，再配以0.5～1千克氮、磷、钾各为15%的复合化肥，可以基本满足烟苗苗床肥料氮磷钾1∶1∶1的要求。若用氮磷钾各占15%的复合化肥，每10平方米苗床以施用2～2.5千克为宜。

（二）塑料薄膜和支撑物：自1965年塑料薄膜使用于烟草育苗之后，现已普及于全国烟区。生产上用的薄膜多为0.06～0.08毫米厚的聚乙烯塑料薄膜。聚氯乙烯薄膜是工业用膜，不能应用于烟草育苗，其释放的氯气对烟苗有毒害作用。

（三）苗床地选择：烟草幼苗柔嫩多汁，抗逆力差，其特点是喜温、喜肥、怕涝、易染病。故选择苗床地应做到以下几点：①背风向阳，地势高；②灌水易，排水畅，地下水位低；③近大田，便运输；④土层厚，肥力高，土温回升快，坡度不超过5%；⑤距离荒、坟、菜地要远，不受其影响。

（四）苗床地规划与整理

1. 苗床面积：确定苗床面积，应从种植面积、成苗率、当地病虫害所造成的补苗率等方面考虑。按照6.7厘米见方定苗，一个标准畦（10米×1米）可生产2 250棵烟苗，去掉10%的缺苗、15%的参差不齐苗和15%的补苗率，共占苗床烟苗的40%，共900棵，每畦2 250棵减去900棵仍有1 350棵。规范栽培要求，每亩1 200棵左右。按此方法计算，种1亩烟草，用10平方米苗床就足够了。采用每盘100棵烟苗的塑料格盘时，需15盘烟苗。

2. 苗床整理：不管哪个地区，苗床位置确定以后，应及早深翻，使土壤日晒风化，改善物理性状，以利增温。

苗床土壤消毒。土壤是苗床病虫害的主要传染源，病虫害严重的地区必须消毒。

(1)熏烧消毒：柴草堆烧，杀灭病原菌、虫卵、杂草种子。还可增加土壤营养，改善物理性状。

(2)药剂消毒：用49%的福尔马林1：50加水，渗入地下12厘米，8～10天后播种。于播前15～20天，每平方米施用氯化苦10毫升，可收到除病除草的效果。美国从40年代以来一直使用溴甲烷消毒，杀死杂草和根结线虫等土壤传染病虫害。使用溴甲烷时，要求土壤适于中耕的含水量，气温至少在13℃以上，最好在秋季进行。用塑料薄膜密封苗床或营养土，充入溴甲烷气体保持2～3天也可达到消毒目的。

3. 防风障：国内外均有使用。材料可用木板、树枝、高粱秸、玉米秸等。为避免病害传播，禁用烟茎作防风障材料，防风障高2～2.3米。若苗床面积较大，最好在中间加设隔离风障，但要使防风障与苗床有一定距离，既避免遮荫又起到防风作用。

据测定，2.1米高的防风障，风速每秒6.7米时，对25米范围内有保护作用。

4. 苗床施肥：在地下害虫(蝼蛄、地老虎、蚯蚓等)不太严重的情况下，做畦后整平，可直接施肥。农家肥沤制差的要早施，沤制好的按需要施。施肥后锄3～4遍，使肥料和土壤充分混匀，最后踏平，使床土上虚下实。在地下害虫多的地方，可采用“三铺底”的方法：将畦内10～15厘米的表土移出畦外，与所施肥料混拌，成为营养土。整平底面，撒1～2毫米厚的细沙，再撒0.25千克生石灰粉，最上面撒0.5千克黑矾。然后将配成的营养土移回畦内,整平踏实,即可灌水播种。

烟苗的根系密布范围约为7厘米×7厘米×7厘米,虽然主根可达15厘米以上,但超过10厘米以上的很少。施肥超过根系密集范围,就成了无效营养,故苗床施肥要浅,并以混拌营养土加杀虫除草剂效果较好。

(五)种子消毒处理与浸种催芽

1. 种子消毒:用以消灭附着在种子上的病原菌。常用的药剂有以下几种:①1%的硫酸锌或硫酸铜溶液;②0.1%的硝酸银溶液;③2%的福尔马林溶液;④0.05%的升汞溶液。

将装好的种袋浸入药液之后,轻轻揉搓布袋,使药液迅速浸入,浸泡10～15分钟后取出,然后用清水将药液冲洗干净,晾干后保存或立即催芽。

2. 种子处理:种子活力是指种子在适宜或不适宜环境条件下的发芽和出苗能力,包括种子发芽、幼苗生长速度和整齐度,是衡量种子质量的可靠指标。播前用含植物营养元素的化学药剂、植物生长调节剂等处理种子,是提高种子活力的有效途径。原苏联摩尔达维亚地区有人将搓好的种子放在丁二酸溶液中浸泡24小时,然后催芽,结果第三天即露嘴,实验室发芽率提高22～25%,最终亩产提高10～20%。韩锦峰等用表油菜素内酯(BR)、赤霉素(GA_3)、丙酮和清水浸种24小时,取得了良好结果(见表4-1)。

由表4-1可以看出,用BR加丙酮的混合液和GA_3加丙酮的混合液浸种时,N_{C89}种子的发芽势、发芽率、萌发系数、根性状和苗干重表现最好,其次是BR、GA_3和丙酮的单独处理。

表 4-1 不同药剂组合浸种处理对烟草种子活力的影响

项 目	BR 0.05ppm	GA_3 50ppm	丙酮 0.1%	BR0.05ppm +丙酮 0.1%	$GA_3$50ppm +丙酮 0.1%	对照(清水) 未搓种	对照(清水) 搓种
发芽势(%)	30.6	45.2	36.4	48.3	49.7	19.6	30.3
发芽率(%)	93.8	95.4	92.7	95.5	98.4	85.3	89.2
萌发系数	78.2	79.4	72.4	81.7	85.6	58.1	75.4
根干重(毫克/100 株)	8.5	8.7	7.6	9.8	9.4	5.5	2.8
根长(毫米)	14.6	13.5	13.0	15.1	15.8	8.1	6.9
苗株干重(毫克/100 株)	14.1	13.8	11.6	15.5	15.2	14.3	9.8

注:供试品种为 Nc89

3. 浸种催芽

(1) 浸种搓种:浸种的目的是软化种皮上的角质和胶质,其方法是将消过毒的种子装在洁净的白布袋中,每袋种子应少于 0.5 千克,以装半袋为宜。装得太满,不易翻动均匀,对发芽不利。装袋后放入 40℃温水中浸泡约 20 分钟,再放入冷水中浸泡 24 小时,然后搓洗。洗时在水中用手轻轻揉搓种袋,随搓随换水,借种子互相摩擦,去掉种皮上的角质和胶质,使水分易于渗入。揉搓要轻而匀,以免破坏种胚。一直搓到袋内种子呈淡黄色,滴清水为止。然后取出种子袋,淋去多余的水分,将种子放在新瓦罐内,置温暖处进行催芽。

(2) 催芽:催芽播种比不浸种催芽播种(哑播)早出苗10~12 天,故生产上多采用催芽的办法。

催芽的最适温度为 25~28℃,低于 25℃发芽慢,低于10℃不能发芽,高于 28℃时发芽快,但芽子弱,高于 35℃时芽子受损伤。

水分以保持种子疏松、湿润为宜,过干则延长发芽期,过湿则氧气缺乏,妨碍呼吸,会出现群众说的“僵芽”现象。烟草种子含脂肪和蛋白质占种子重的 60%之多,萌发过程中需要较多氧气，故在催芽过程中，要多翻动换气，以保证种子的正常呼吸。

生产上采取的催芽方法很多，有温缸、煤油灯、灯泡加温催芽等。只要满足烟草种子萌发需要的温度、水分、空气3个条件，而且使温度保持稳定，都可取得预期效果。河南烟区每户种烟的面积较小，多为1～4亩地，催芽的种子量很少。有的烟农将种子袋用塑料薄膜包起来，放在贴身衣袋里，利用人体温度促进烟草种子萌发，也是一种较好的办法。统一供种后，以村、组为单位集中催芽时，可建催芽室。而黑龙江等烟区，每户烟农种植面积多在10亩以上，可采用温缸催芽。

温缸催芽是用大缸，缸内装半缸麦秸，堆平踏实，上面放1个大盆，盆内注满热水，盆口放一篦子，将种子放在干净的瓦罐内，种罐放在篦子上，罐上放一支温度计（见图4-3）。盆内热水每天换两次，每天将催芽罐晃动3～4次，并经常洒水。催芽温度保持25～28℃，逐渐降到22～25℃。烟芽与种子等长时，即可播种。

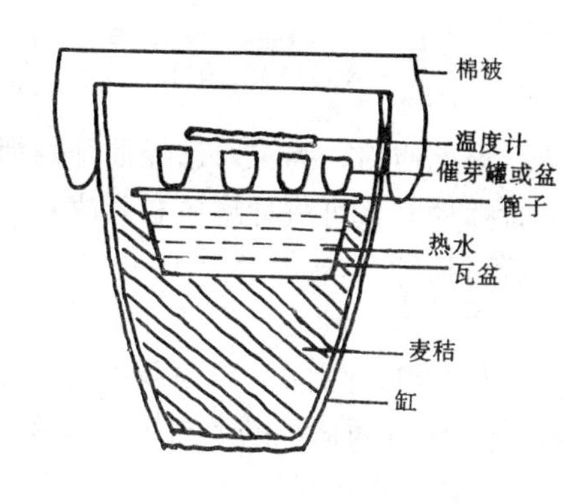

图4-3　温缸催芽示意图

煤油罩子灯催芽，是调节火苗的大小，使锅内温度达到适宜的水平，达到催芽目的（见图4-4）。

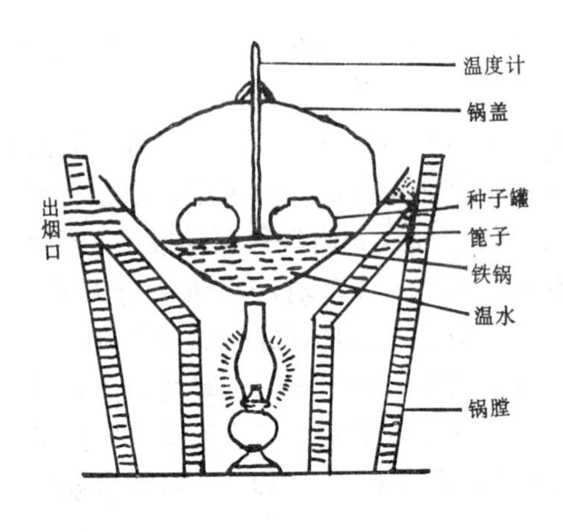

图 4-4　煤油灯催芽示意图
（农户做饭炉膛）

催芽时应注意：第一，催芽必须用新布袋或洗净后蒸煮过的旧布袋。催芽时用的工具和水严防与油、酒、醋类接触；第二，催芽罐中的种子不宜超过容量的 1/3。要勤加摇动，以利种子发芽整齐一致。如果种子发芽不整齐，可细筛选芽，分批使用；第三，已经催好的烟芽，如遇天气变化不能及时播种时，可将种罐放在阴凉处，以控制烟芽生长，待天晴后再播种。

二、播　种

（一）播种期：塑料薄膜覆盖育苗时，苗床期一般为 50～60 天。烟草的播种期要与烟苗移栽期相适应。当移栽期确定之后，依当地苗床阶段气温的高低，向前推进 50～60 天即为播种期。气温较低的黑龙江等烟区，可提前 65 天播种。而河南、山东等地育苗期气温较高，适宜的移栽期是 4 月下旬至 5 月初。播种期应是 2 月下旬至 3 月初。

（二）播种量：播种量是根据种子的发芽率、播种方法和留苗密度而定的。播种量过大，幼苗互相拥挤，茎垂直向上伸长，根系少，苗色淡，抗逆力差，而且间苗费工。播种量过小，则出苗不足，定苗距离不易均匀一致，得不到应有的苗数。据河南的经验，每10平方米苗床，播只搓种未催芽的种子0.5～1克就够了。若播催好的烟芽，需2～3克。

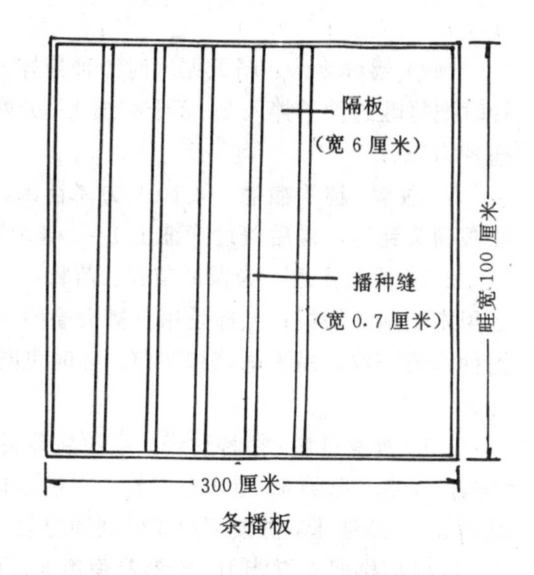

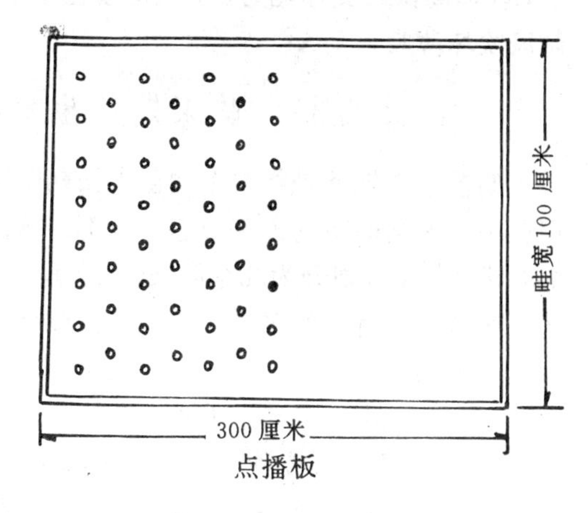

图4-5 播种板示意图

（三）播前浇足底墒水：烟草种子小，出土能力弱，除播后盖土宜薄外，苗床前期又不宜灌水，但幼苗在十字期以前，必须经常保持苗床湿润，才有利于幼苗生长，所以，苗床必须在播种前浇足底墒水。农谚说："墒好双泅底，墒差三泅底，底墒足，幼苗齐，底墒不足幼苗必定稀"，充分说明了浇足底墒水的重要性。

（四）播种方法：晴天无风时播种最好。为播种均匀，播种时把每畦的种子拌入2～3千克细土，分两次播完，以保证播种均匀。

1. 撒播：徒手撒播。每10平方米苗床，播烟芽2～3克，要撒到头到边，播后盖过筛细土1～2毫米厚。

2. 条播和点播：为保证苗齐、苗壮，以点播为好。条播是用木制的条播板；点播是用点播板播种（见图4-5）。这样播种均匀一致，易于间苗和定苗。播时也同样需要与细土混合。

（五）覆盖薄膜：播种后当天要覆盖塑料薄膜。其方法是，从畦一端起，每隔40厘米左右扎1根拱形竹条（或树枝条），拱高35～40厘米，拱顶部用3根细绳拉紧，两头固定在木桩上，以提高拱架支撑能力。塑料薄膜盖上以后，四周压牢，以防风吹坏薄膜。

第四节　苗床期的生育特点

幼苗生育期就是指整个幼苗生长期所经过的历程。在此历程中，不同幼苗的外部形态、内部结构及对外界环境条件的要求不同，可划分为几个阶段。因各地习惯和条件不同，描述各阶段外部特征的名称不尽统一。综合各地经验，苗床期大致可分为出苗、十字、生根、成苗4期。

一、出苗期　从播种到第一片真叶出生时，称为出苗期。一般需5～6天。不浸种催芽播种（哑播）时，需16～18天。播种后胚根伸入土壤，胚轴伸长，子叶突破种皮和覆盖层露出地面。此期的营养特点是异养向自养的转变。子叶展开变绿，进行正常的光合作用，进入完全自养阶段。故出苗率和整齐度与种子质量和外界条件有关，种子成熟饱满，生活力强的出苗好；苗床水分充足，出苗好；在10～30℃的温度范围内，温度越高出苗越快；光照充足苗壮，光照不足，则胚轴长而黄；覆盖适中出苗好，覆盖过厚、过薄，都不利于苗壮。

二、十字期 从第一片真叶生出至第三片真叶出现。此时，第一、二两片真叶与两片子叶交叉成"十"字形，处于一个平面上，故形象地称为"十字期"。此期幼苗已完全进入自养阶段，叶片的扩展速度很慢，主要功能叶是子叶。幼苗输导组织刚刚开始发育，根系入土3～4厘米，没有须根，因此，吸收能力不强，光合产物不多，幼苗主要是扩大地上和地下部，完善自身内部结构，生长极慢。这一阶段生长势不强，但要完善自身内部结构和发育输导系统，因而对环境条件反应敏感，所需温度与出苗期相差不大，30℃以上会使幼苗生长停顿，甚至灼伤。土壤湿度应保持最大田间持水量的60～70%。表土干旱影响幼苗生长，但水分过多，也影响土壤的通气性，而使生长迟滞。要求较强光照，以便合成较多的光合产物。

三、生根期 从第三片真叶出现至第七片真叶生出，称为生根期。当第三片真叶出现以后，侧根陆续发生，到第七片真叶出现时，幼苗已基本形成完整的根系。

生根期叶片脉络已明显形成，输导系统日趋完善，幼苗合成能力大为提高。第五片真叶出现时，第三片真叶活动功能最大；第七片真叶出现时，第三、四、五片叶活动功能最大。子叶的活动功能随真叶的不断出现而逐渐减小，第五片真叶出现时，子叶已完全失去生理功能，萎黄脱落。

此期根系生长十分活跃，二级侧根大量发生，尤其第五片真叶发生后，根的干重也大大增加。从幼苗第三片真叶到第七片真叶出现这一阶段，地上部分干重增长 2.1 倍，而根干重增加 3.98 倍，根系的相对增长量比地上部分大得多，故为生根期。此期若水分过多，则主根入土浅，侧根少，而地上部分茎叶徒长，破坏了幼苗的生长平衡。而水分过少，主根虽入土深，但对根系发达和地上部扩展不利。一般保持最大田间持水量的 60% 为宜。同时保证苗床光照充足，及时间苗、定苗，以统一群体与个体之间的矛盾，促苗健壮生长。

四、成苗期 第七片真叶出生至移栽期，称为成苗期。此期烟苗已基本形成了自身完善的个体。此期的管理中心是提高烟苗的抗逆能力，增强烟苗对移栽受损和移入大田后的适应性。

管理上主要从炼苗着手。水肥过多，易形成猛长，使烟苗地上部组织疏松，细胞内含水量增高，抗逆性弱，栽后还苗慢。光照不足，光合产物少，机械组织不发达，烟苗也不健壮。故此期应控制水分供应，加强光照，促进茎叶机械组织发达，提高叶内有机物含量，使之成为敦实健壮的烟苗。

烟苗各生育期虽有不同的特点，但各个时期又是互相联系的。从全面情况看，烟苗数量多少，关键在前期，壮弱的关键在后期。因此，管理的原则是前期一般以促为主，后期以控为主。从育苗要求和环境条件来看，苗多苗少主要决定于水，苗早苗迟主要决定于温度，苗壮苗弱主要决定于光照，这是一般规律。

第五节 苗床管理

一、塑料薄膜管理 采用塑料薄膜育苗，具有保温、保湿、幼苗生长快、成苗早、能提前移栽等优点。但如果管理不当，亦会造成苗黄、烧苗等不良现象。

（一）密封保温保湿阶段：从播种到出苗，为密封保温保湿阶段。此阶段的长短，取决于当地气温高低和幼苗生长情况。当膜内温度超过30℃时，可在两头进行短时间的通风降温，调节苗床温度和空气，以防幼苗“高腿”徒长和幼苗发黄。

（二）通风降温阶段：幼苗十字叶前后，气温增高，生长加速。晴天中午前后膜内温度可达35℃以上。烟苗受害的界限温度是38℃，故膜内温度不能超过35℃。超过35℃，如不通风降温，则会引起烟株徒长嫩弱。此期的薄膜管理是决定烟苗壮弱、成败的关键。

开始时通风可先开启苗床两头，以后增加两侧通风孔。一般上午9时到下午4时进行通风。

（三）揭膜炼苗阶段：随季节推进，气温增高，烟苗于5片真叶时开始揭膜炼苗，使烟苗逐渐适应外界环境条件，增强抗逆能力，以达移栽成活率高，还苗早。生产上称此阶段为日通夜闭阶段。于移栽前两周进行日通夜闭炼苗。移栽前几天去除覆盖，日夜炼苗。

二、间苗、定苗、除草和假植　播种量过大，出苗过密，形成“簇生”烟苗，幼苗间的相互抑制作用，是早期生长的一个限制因素。过密时根量小、横向扩展少。簇生烟苗与移后早花呈正相关。故稀播、匀播，早间苗、早定苗，剔除病苗、弱苗、过大过小苗是培育壮苗的重要措施。

为了保证出苗后烟苗的良好生长，生产上多采用一间一定的方法。小十字叶时，掌握苗距1.5厘米间苗，同时彻底清除杂草。大十字叶（3～4片真叶）时，掌握苗距6～7厘米定苗。如果出苗不整齐，或稀密不匀，可两次间苗，一次定苗。即第一次间苗距离1.5厘米，第二次3.5厘米，定苗时

6～7厘米。

烟苗生长过程中，对水肥的竞争能力不如杂草。故在间、定苗的同时，要结合除草，必要时另外增加拔草次数，以彻底清除杂草。

假植是苗床缺苗时的补救措施。即在第二次间苗或定苗时，把稠密处的烟苗移栽到稀的地方，由于这次移植并非是移入大田，故生产上习惯称为假植。假植时的烟苗正处于根系扩展阶段，移植断根起到蹲苗作用，烟苗根系较发达。但于烟苗幼嫩阶段过多触摸烟苗，人为的创伤会给病原物提供侵染烟苗的可乘之机，故正常生长的烟苗不必假植。

三、苗床供水 所使用覆盖物不同，将影响灌水次数。如果是盖草帘或其他多孔材料覆盖，干燥天气就需要经常灌水。即使塑料薄膜覆盖也应在浇足底墒水的条件下，根据畦内湿度和烟苗对水分的需要，掌握合理的灌水时间和次数。

出苗前后要保证水分供应。水分过少时表土结壳，早则使烟芽“回芽”，晚则发黄。供水多时，易引起病害和肥料淋溶。浇足底墒水，出苗前后可不浇水。底墒不足时用喷壶轻浇，以保持田间最大持水量的70%左右为宜。生根期适度少水是有利的。5片真叶后要有一定水分，以促进幼苗生长，但要避免水肥过大，造成烟苗徒长。通常移栽前半个月不再供水。

四、追肥 苗床肥料以施足底肥为主，不足时应根据生育特点和当时情况追肥。

苗期追肥以三元复合肥为好。氮肥过多时，烟苗嫩弱。追肥的氮、磷、钾以控制在1∶1∶1为宜。北方烟区于十字叶以后用腐熟的人粪尿或腐熟的饼肥0.1千克左右，或腐熟的鸡粪2～3千克，或硫酸铵、过磷酸钙、硫酸钾各0.1千克溶于 20～30 升水中，施入 10 平方米苗床里，然后用清水立即冲洗叶面，以免烧苗。结合浇水使肥料溶解，利于幼苗吸收，苗床肥料应掌握少追、勤追和氮、磷、钾配合的原则。

五、炼苗 炼苗是在烟草幼苗各器官发育平衡，输导组织发育完善之后，使烟苗进行抗寒、抗旱锻炼，提高抗逆力的过程。故虽不投资，而作用甚大。

（一）揭膜炼苗：烟苗 5～6 片真叶后，中午前后揭去薄膜，进行晒苗。移栽前 10～15 天可昼晒夜盖，逐渐过渡到昼夜炼苗。此期如遇阴雨，必须将薄膜盖上，否则烟苗遇雨徒长，对壮苗不利。过早揭膜，烟苗生长迟缓，甚至老化。揭膜过晚，则烟苗嫩弱，发育不良，成活率低。

（二）控水炼苗：控水改善了土壤的通气状况，地温相应地有所提高，促进根系的纵横生长。控水降低了细胞膨胀压，增大了烟苗细胞液浓度和糖分含量，使得烟苗的临界含水量降低，抗逆力提高，移栽成活率也高。高温多湿条件下烟苗生长虽迅速，但不健壮。苗床后期控水是炼苗的重要措施。

（三）掐叶炼苗：就是在成苗前的拔梗期，将下部的第一、二片真叶掐掉，并将上部交错的叶片掐去 1/3～1/2。生产实践证明，掐叶炼苗有如下作用：第一，可以改善苗床的通风透光条件，消除苗床内的郁闭现象，提高地温。第二，可调节地上部与地下部生长的相互关系，促进茎叶和根系生长良好。第三，可调节烟苗体内有机物的积累和分配，增加烟苗的含糖量，提高烟苗的发根能力。

美国和津巴布韦应用修剪的方法进行炼苗。对即将成苗的烟苗，用花木修剪刀或通过改装行走轮高低的高负压割草机进行修剪，以提高烟苗的整齐度，推迟移栽，并利于拔苗后贮放。

六、防病治虫

炭疽病

是一种常在苗期发生的真菌性病害。其症状是在叶片,也可在茎上出现病痕或斑块。如不及时处理,会逐渐遍布整棵烟株。通常施用代森锌、代森锰等杀真菌剂预防之。除此之外,河南烟区还多采用波尔多液(0.5 千克硫酸铜加 0.5 千克生石灰,对水 50~100 升)防治此病的发生。

猝倒病

多发生于苗床 3 片真叶前,3 片真叶后发病较轻。其症状为整个烟苗像开水烫过一样,成片病苗变成暗绿色,萎蔫腐烂,倒伏。在湿润条件下,苗床中病苗由一同心圆向周围扩展,烟苗表面可见白色丝状的菌丝体,似蛛网状。由于此病原菌习居于土壤,且发生侵染的有利条件是低温高湿,故其防治方法应从土壤消毒着手,制作高畦,减少积水,并配合喷撒杀真菌剂。

害　虫

苗床期主要害虫是蝼蛄,防治时可用 90% 敌百虫 1 千克,用适量的水溶开后,与 30 千克炒香的谷子拌匀,傍晚撒在苗床内侧四周即可。

蚯蚓虽不取食烟苗,但在出苗和小十字期。在畦面表层穿行隧道,造成烟苗枯死。可采用 1000~1200 倍的硫酸亚铁液或生石灰水滴灌隧道口即可。

第五章　烤烟大田施肥

烤烟产量的高低和品质的优劣是生产过程中诸如品种、

土壤环境、气候条件、施肥、平顶打杈、成熟采收、科学烘烤等多种因素综合作用的结果。在这些因素中,大田施肥是保证优质烟生产的关键措施之一。近年来,随着烤烟规范化种植水平的提高,在种植优良品种和稀植的情况下,不少烟区对烤烟施肥量和种类掌握较好,烟株一般表现为株高100厘米左右,上、中、下部位叶长基本相等,达到60厘米左右,叶片厚薄适中,耐成熟,易烘烤。但仍有相当大的部分烟区烟农对目前推广种植的少叶型优良品种的烟株长相、生长发育特性、需水需肥规律和相应的烘烤方法认识不够,墨守70年代种烟的粗放技术,"恐肥症"严重,烟株矮,叶片小,烤后叶色淡,叶片平滑,油分差。这是烟叶生产上亟待解决的问题。

烟草是以叶片为收获物,叶片的化学成分决定烟叶的质量,而烟叶的化学成分,又取决于土壤环境中各种营养元素的比例。达到最高的叶片产量和品质水平,土壤自身的营养状况往往不能满足需要,必须通过施肥来补充土壤营养之不足。而施入土壤中的无机营养种类和比例又对烟叶品质产生影响。合理施肥的全部目的就是以最适宜的营养形态,最佳用量,最适当的时期为烟株的生长发育提供良好的营养环境,促进烤烟优质丰产。

第一节 不同肥料及用量对烤烟的影响

一、氮肥用量、形态和种类对烤烟的影响

(一)氮用量对烤烟的影响:氮素以蛋白质、核酸、叶绿素、烟碱等形式存在于烟株体内。由于蛋白质是一切生命的基础,所以氮有"生命元素"之称。各地土壤、气候条件差异很大,不同的土壤其理化性状不同,前茬作物残留的氮素数量不同,年度间降雨及其分布不同,肥料种类及施用方法不同,给正确施

用氮素肥料增加了难度。施氮不足，烟株脱肥，并自下而上出现黄白化现象，叶小片薄，产量低质量差。盲目施用氮肥，缺磷少钾，造成烟株难以落黄成熟，叶片肥大，粗筋暴梗，甚至出现枯死斑点，难以正常成熟落黄。只有把氮素施得恰到好处，烤后烟叶才能表现出金黄、橘黄颜色，油分足，弹性强，优质丰产。

加拿大人 J·M·Elliot 等(1973～1975)曾做了 3 年的氮用量研究，结果表明，不施氮与亩施 1.5 千克氮素的等级指数差异不显著；氮用量从 1.5 千克增加到 4.5 千克，等级指数显著下降。氮素施到每亩 3 千克，产量显著增加，进一步增加到 4.5 千克，产量增加幅度较小。成熟指数随氮用量增加持续下降。填充值则随氮用量上升而增加。

叶片的石油醚提取物中含有树脂、蜡等物质，与叶片香气有一定关系。试验结果表明，石油醚提取物含量随氮用量增加而提高，说明了氮素用量与香气形成在一定范围是呈正相关的。烟碱是决定烟气生理强度的主要物质，随氮用量增加而提高。还原糖含量随氮用量增加而下降，每亩施用 1.5 至 3 千克氮素，还原糖含量差异较小，进一步增加氮素到 4.5 千克，糖含量下降幅度较大(见表 5-1)。氮、钾、钙、镁的含量则随氮用量升高而升高，除氮之外，这些阳离子含量的增加对叶片的燃

表 5-1 氮用量对烤烟化学成分的影响 (%)

氮用量(千克/亩)	石油醚提取物	还原糖	烟碱	总氮	钾	钙	镁
0	4.17	22.2d	2.30d	2.07a	2.40	3.16	0.494
1.5	5.04	19.2c	2.64c	2.24c	2.43	3.59	0.566
3.0	5.19	18.3b	3.08b	2.45b	2.66	3.73	0.638
4.4	5.36	14.0c	3.58a	2.82a	2.93	3.98	0.710

注：a～d 为邓肯氏新复全距测验。每一组数值所带的相同字母表示没有显著差异(p=0.05)

烧性、灰色均有改良作用。

加拿大安大略省烤烟区的砂壤土营养丰富，有机质含量高，肥力高。由上述试验结果可知，以亩施氮素1.5～3千克为宜。我国地域广阔，烤烟分布广泛，土壤环境差异大，氮用量的差异也大。河南襄城县多年所做氮用量试验结果表明，亩施氮素3～4.5千克为适宜。从1987年的试验结果可知，亩产量以4.5～6千克处理为最高(见表5-2)。氮素亩用量超过4.5千克，均价和上等烟比例大幅度下降，亩产值也降低。说明氮素超过一定用量之后叶片的外观性状显著变差。由此可见，烤烟的氮用量在不同产地应根据当地土壤肥力而定。河南烟区筛选3～4.5千克氮用量对整个黄淮烟区都是适宜的，而在以贵州省为核心的西南烟区则以亩施5.5～6.5千克氮素为宜。

表5-2 氮用量对烤烟经济性状的影响 (河南襄城县1987年)

氮用量 (千克/亩)	亩产 (千克)	均价 (元/千克)	上等烟 (%)	亩产值 (元)
0	144.4	2.40	17.03	346.76
1.5	148.8	2.48	18.14	368.85
3.0	165.0	2.50	21.71	411.57
4.5	169.6	2.50	31.91	423.76
6.0	172.6	2.10	17.32	360.83
7.5	161.9	1.92	11.23	310.94

氮量的多少与品种、土壤、气候及栽培条件有关，也决定于磷、钾营养水平。同一施氮量，有足量的磷、钾配合，表现为适量，如果缺磷少钾，则会表现为过量。一般来说，在适宜的磷钾营养水平下，随着施氮量的增大，烟叶产量和品质相应提高；当氮用量超过限度时，由于过量的氮使成熟推迟，干物质减少，含水量大，烘烤时变黄脱水困难，而致产量和品质下降，影响经济效益。

土壤质地不同，耕层深度不同，施用氮素的量也应有差异。因耕层的深度不同，烟株根系形成的大小及分布差异很大，同等氮素在土壤中的分布及浓度也不一样。一般规律是随耕层深度的增加，氮用量增加，因随着表土厚度的增加，氮素更容易淋溶到烟株根系范围之下。美国北卡罗来纳州的做法是耕层每增加 2.54 厘米（1 英寸），亩施氮量增加 0.15 千克（见表 5-3）。

表 5-3　氮用量与表土厚度的关系

表土厚度（厘米）	氮素用量（千克/亩）
12.7	3.8
25.4	4.6
38.1	5.3
50.8	6.2

（二）氮素形态对烤烟的影响：烟株主要以硝态氮和铵态氮的形式吸收氮素。烟苗喜欢吸收铵态氮，而较大的烟株吸收硝态氮的比例较大。有研究认为，硝态氮有利于柠檬酸和苹果酸的积累，能增强烟叶的燃烧性；而铵态氮能促进烟叶内芳香族挥发油的形成，增进烟草的香味。铵态氮有利于氮化物的代谢，如随铵态氮比例增加，叶片的叶绿素含量及氨基酸、蛋白质、烟碱含量增加，而还原糖含量降低。从近年来的研究可知，这两种氮素形态的氮源，对烤烟产量品质有着不同的影响。硝态氮肥效快，持续时间短，既能促进大田前期及旺长期烟株的迅速生长，又有利于后期烟叶的落黄成熟，但受雨水的淋溶影响较大。铵态氮肥施用后表现为烟株矮，叶片小，成熟期推迟。玉米茬烟生长慢，长势弱，不开片的主要原因与残留在土壤中过多的铵态氮有很大关系。因此玉米茬种烟时，应增大硝态氮肥的使用比例。烤烟生产上硝态氮使用比例控制在 25～50％范围内较好，这样既能满足烟株前期迅速生长的氮素供应，也

不会因肥料流失过多而造成中后期缺氮，同时又不影响后期烟叶的正常落黄和成熟，从而获得较好的产量品质效益（见表5-4）。

表 5-4　氮素形态对烤烟经济性状的影响　（河南农大 1988 年）

处　　理	亩产（千克）	均价（元/千克）	亩产值（元）
100%硝态氮	147.6a	3.10	458.30a
75%硝态氮+25%铵态氮	155.3b	3.13	487.53b
50%硝态氮+50%铵态氮	164.8c	3.21	530.52c
25%硝态氮+75%铵态氮	174.9d	3.27	572.30d
100%铵态氮	170.1d	2.87	510.50c

（三）氮肥种类对烤烟的影响：作为氮源的氮素种类有无机氮和有机氮。无机氮是速效性氮，能在快速生长期，供给大量的速效性氮素。有机氮是缓效性氮，经过分解最终还要转化为铵态氮，并且其中一部分又经土壤的硝化作用转化为硝态氮，才能被烟株吸收利用。有机氮释放缓慢，烟株只能吸收其中的一部分。在烟草正常生长季节，仅有 20～60%的有机氮转化为有效态。有机氮能供给稳定释放的有效氮，满足烟株对养分的需要，并把渗漏和流失减少到最低限度。

厩肥的成分依家畜种类、饲料优劣、垫圈材料和用量以及其他条件而不同。新鲜厩肥的平均肥分见表 5-5。从表中可知，厩肥平均含有机质 25%，氮约占 0.5%，五氧化二磷约占 0.25%，氧化钾约占 0.6%，每吨厩肥平均含氮约 5 千克，磷约 2.5 千克，钾约 6 千克。

新鲜厩肥的养料主要为有机态，烟株大多不能利用，所以一般不宜直接施用。要经过充分的腐熟、沤制之后，再施入烟田。否则，施入未经腐熟的厩肥，肥料在土壤中腐熟慢，烟株旺长期吸收不到肥料，成熟时肥料才发挥作用，造成烟株后发，成熟延迟。

表 5-5 厩肥的平均肥料成分 （%）

家畜种类	水	有机质	氮 (N)	磷 (P_2O_5)	钾 (K_2O)	钙 (CaO)	镁 (MgO)	硫 (SO_3)
猪	72.4	25.0	0.45	0.19	0.60	0.08	0.08	0.08
牛	77.5	20.3	0.34	0.16	0.40	0.31	0.11	0.06
马	71.3	25.4	0.58	0.28	0.53	0.21	0.14	0.01
羊	64.6	31.8	0.83	0.23	0.67	0.33	0.28	0.15

饼肥是烟草的好肥料，饼肥有机质含量高，无机营养丰富，尤其氮、磷、钾含量高(见表 5-6)。50～60 年代，河南省烟叶品质优良，与烟田大量使用饼肥有直接关系。70 年代施用单元素化肥较多，烟叶品质下降。80 年代恢复使用饼肥，烟叶品质又复上升。烟区常用的饼肥有芝麻饼、菜籽饼、豆饼、花生饼、棉籽饼等。山东、辽宁、安徽等省多用豆饼，河南、福建等省多用芝麻饼，云南、贵州等省多用菜籽饼。烟田施用饼肥不但可提高产量，而且对烟叶诸如颜色、油分、弹性、光泽、香气等品质因素均有改良作用。

表 5-6 常用饼肥的氮、磷、钾含量 （%）

种　类	氮(N)	磷(P_2O_5)	钾(K_2O)
芝麻饼	5.80	3.00	1.30
菜籽饼	4.60	2.48	1.40
花生饼	6.32	1.17	1.34
大豆饼	7.00	1.32	2.13
棉籽饼	3.41	1.63	0.97

饼肥中氮、磷多呈有机态，氮以蛋白质形态为主，磷以脂酸、磷酯为主，这些有机态氮、磷，不能直接为烟株吸收，必须

经过腐熟发酵才能发挥肥效。故在施用饼肥之前也要经过沤制。

国外烟区土壤的有机质含量丰富，因其秸秆还田较好，且种植绿肥作物。即便如此，烟田施肥时，还要补充微量元素。故国外烟田多提倡施用复合化肥。我国秸秆还田较差，近年来随氮素化肥的使用量不断增加，有机肥用量减少，这对提高烟叶品质限制作用较大。河南省近年来广泛开展有机与无机肥配合施用试验，并在烟田大量施用，取得了良好效果(见表5-7)。

表 5-7 氮肥种类对烤烟产量品质的影响 (河南宜阳)

处理	单产(千克)		上等烟(%)		均价(元/千克)		亩产值(元)	
	1989	1990	1989	1990	1989	1990	1989	1990
全饼肥	157.3	172.5	27.1	50.4	2.91	3.41	458.21	587.88
40%复合肥+60%饼肥	170.1	188.7	34.6	59.8	3.31	3.63	564.02	684.41
60%复合肥+40%饼肥	174.4	184.0	39.8	62.3	3.53	3.69	614.93	678.41
全复合肥	171.6	180.2	21.4	44	2.74	3.18	470.53	572.50

由表5-7可知，单纯施饼肥或单纯施用化肥的上等烟比例和亩产值均低于饼肥与化肥配合施用处理。该试验结果表明有机与无机肥配合施用，是提高亩产、品质和经济效益的有效方法。河南农业大学(1988年)报道，施用有机肥增加和改善了烟叶香气，协调了化学成分。说明就目前的土壤状况，我国烟区保证饼肥等有机肥的用量是正确的。

二、磷肥用量对烤烟的影响 磷和氮一样，是烟草生长的三要素之一。虽然烟草与其他作物一样，吸磷量比吸氮量低，约为1∶0.2～0.3，但是磷素所起的营养作用是与氮同样重要的。它能加强碳水化合物的合成和运输，促进氮代谢和脂肪的合成，并增强作物的抗旱、抗寒和抗病能力。烟草缺磷时，移栽后前1个月生长非常缓慢，茎秆细小，叶片比正常狭窄上竖，颜色暗绿。缺磷严重时，下部叶片可能会出现白色小斑点，以后变为棕褐色坏死斑块。缺磷的烟叶烘烤之后，质量差，颜色暗褐或浮青，与正常的烟叶相比缺少光泽。在缺磷的植烟土壤上施用磷肥，能促进根系发达健壮，使烟株前期生长明显加快，株高、叶数、叶面积增大，促进了早发。到了旺长期，肥效得到充分发挥，保持着明显的生长优势，从而提高了产量和产值（表 5-8）。1987 年河南省内乡县供试土壤速效磷 15ppm，亩施 8 千克磷比不施磷的增产 18.9%，产值增加 21.9%，每亩增产值 90.7 元。1988 年内乡县供试土壤速效磷 7.2ppm，亩施 4 千克磷比不施磷增产 17.4 千克，每亩增加产值 111 元。

表 5-8 磷用量对烤烟产量品质的影响 （河南内乡）

磷(P_2O_5)用量	单产（千克）		均价（元/千克）		亩产值（元）	
（千克/亩）	1987	1988	1987	1988	1987	1988
0	103.3	114.2	3.99	3.03	413.6	342.3
2	108.7	128.6	3.85	3.37	419.6	434.1
4	104.9	131.6	3.95	3.44	415.3	453.3
6	118.6	124.1	4.02	3.22	478.1	399.0
8	122.8	116.3	4.11	3.11	504.3	361.6
10	119.2	—	3.98	—	476.0	—

增施磷肥对烤烟来说，不仅提高产量，更重要的是提高烟叶品质，特别是增加烟叶烤后的光泽和油分。单叶重和叶质重是衡量烟叶品质的重要指标。单叶重过小，内含物不充实，烟叶品质欠佳；单叶重过大，组织粗糙，烟叶可用性低。适宜的单叶重能提高烟叶的内在质量。增施磷肥可以提高中下部叶的单叶重和叶质重，适度降低上部叶的单叶重和叶质重（见表 5-9）。

表 5-9 **磷用量对烤烟单叶重的影响** (河南襄城县) (单位:克)

磷用量(千克/亩)	下部叶		中部叶		上部叶	
	1987年	1988年	1987年	1988年	1987年	1988年
0	5.4	6.6	7.6	8.45	9.8	14.22
4	5.2	6.9	7.1	8.82	8.2	11.90
8	7.1	7.48	7.1	9.44	8.6	12.47
12	5.8	7.08	7.8	8.52	7.9	12.37
16	5.3	—	7.5	—	7.6	—

南京土壤研究所1986～1988年间对黄淮烟区近200个土样分析,发现90%以上的土样速效磷含量低于20ppm,其中小于10ppm速效磷的土样占67%,约有10%的土壤速效磷含量低于5ppm。因此,至少有67%的植烟土壤严重缺磷。研究表明,土壤速效磷含量在13～15ppm范围,施磷增产明显;土壤速效磷在10ppm以下时,烤烟的产量品质都会因增施磷肥而有显著提高。1991年河南省农科院烟草研究所化验郾城县84个植烟土样,速效磷含量全部在10ppm以下,平均为5.2ppm。可见增施磷肥对提高黄淮烟区的烟叶内在和外观质量具有十分重要的意义。磷(P_2O_5)的适宜用量为每亩4～8千克。

三、钾肥用量对烤烟的影响 近年来随着农业生产水平的提高,土壤氮素的补充受到重视,但钾肥还没有被大多数农民所接受,这就使得那些原来含钾较多的土壤,由于长期不施钾肥或施钾不足而导致速效钾含量有减少的趋势。烟草是叶用经济作物,叶片扩展,干物质含量丰富,烤后油分足,香气浓,燃烧性好,色泽橘黄是优质烟的表现。这些优良品质的形成与钾素有密切关系,钾有促进碳水化合物的合成和转化,促进蛋白质的合成,提高抗旱、抗病能力等重要生理功能。当供钾不足时,烟叶产量低,油分少,色泽暗,燃烧性差。田间表现为烟株生长慢，植株矮小，叶片窄，成熟落黄差，特别是叶斑病发生严重。烟草是喜钾作物，增施钾肥会有明显的增产增质作用。土壤速效钾含量在100ppm以上时，对一般粮食作物来说，这样的速效钾水平就不需要另施钾肥了，而烟草则不然，因为烟草需钾量大。在一定施钾范围内，产量呈增加趋势，质量也明显提高。随着钾用量的增加，单产略有下降，但均价上升，上等烟比例增加，低档次烟减少，亩产值增加。从表5-10中可以看出，亩施11.3千克氧化钾有利于品质和产值的提高。在表5-11中表明，亩施18千克氧化钾，对品质提高和产值增加有利。

表5-10　钾用量对烤烟产量质量的影响　（河南农大　1987年）

钾用量（千克/亩）	产　量（千克/亩）	均　价（元/千克）	亩产值（元）	上等烟（%）	中等烟（%）
0	142.82	1.53	218.52	3.0	46.8
7.3	176.29	1.91	236.71	5.4	59.9
9.3	137.82	1.93	265.40	8.8	65.9
11.3	128.49	2.25	289.62	10.3	69.8

表5-11　钾用量对烤烟产量质量的影响　（河南济源　1991年）

钾用量（千克/亩）	产　量（千克/亩）	均　价（元/千克）	亩产值（元）	上等烟（%）	上中等烟（%）
0	143.9	1.56	224.48	6.5	71.5
4.5	167.4	1.96	328.1	7.4	74.4
9	138.9	2.45	340.3	15.5	84.5
13.5	138.5	2.76	372.26	26.0	93.5
18	135.5	2.95	392.73	26.5	97.1
27	130.6	2.88	376.21	26.0	93.2

钾能促进氮的吸收、转化与合成，要使增施钾肥达到提高产量、品质的目的，必须在施足氮肥、配合磷肥的基础上，根据

钾肥试验结果、生产实践经验及土壤、气候、栽培条件，确定适宜的钾肥施用量和施用方法，才能起到增施钾肥的增产、增值作用。

第二节　烤烟的吸肥规律

要获得烤烟生产的理想产量和最佳品质，氮、磷、钾三要素的施用量是非常重要的。如何掌握正确的施肥方法和施用时期，使肥料最大限度地发挥作用，提高肥料的吸收利用率，则与烤烟的吸肥规律有很大关系。例如，烤烟植株的干物质积累在移栽后 8 周内完成 70～80%，而钾的吸收和积累是 7 周内完成 70～80%，钾的积累速度和数量几乎超过了干物质积累的速度，说明烤烟前期就必须吸收大量钾素才能满足旺长期的需要。因此，只有在施足基肥钾的前提下，配施适量钾作追肥，才可以使烟株早发快长，并保证后期有足够的钾素满足成熟期的需要。

一、烤烟干物质的积累规律　烤烟大田期的干物质积累规律是烟株生长进程的重要标志。大多数作物生长的进程都大致相似，可以用 S 形的曲线表示，烤烟也不例外。图 5-1 是根据河南农业大学 1988 年在河南襄城县烟草研究所做的试验结果描绘而成。从图 5-1 中可以看出，干物质积累明显地区分为缓慢阶段、快速阶段和剩余阶段，这与大田期所划分的团棵期、旺长期和成熟时期是相吻合的。从表 5-12 中可知，生长初期的烟株，以根的生长为快，中耕松土、培垄封根，为根系发育创造良好的土壤条件，是早期烟田管理的重点。移栽 35 天以后，根茎叶的生长逐渐加快，到移栽后 45 天时，根的干重已达到 20 天时根重的 2.4 倍，茎为 6.7 倍，叶为 1.9 倍。此时根系已基本定型，大量吸收氮磷钾等营养元素，植株进入旺长前

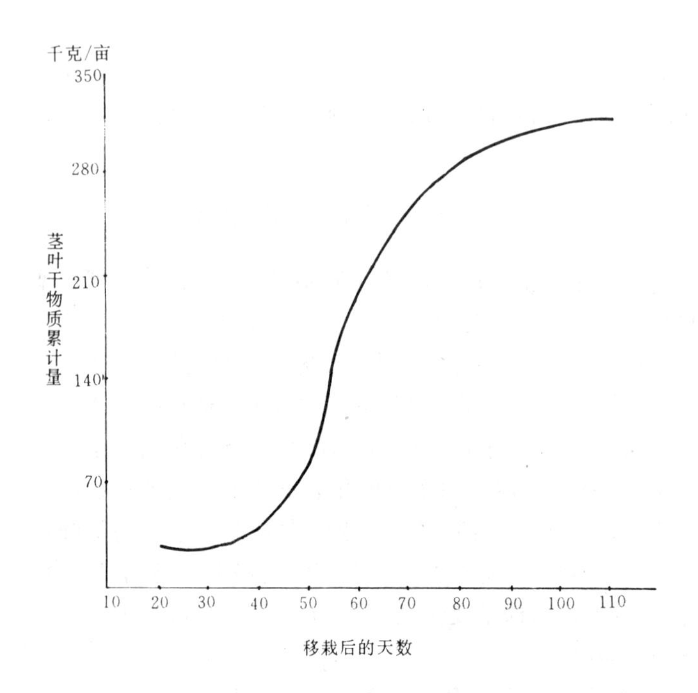

图 5-1　烤烟地上部分干物质积累曲线

期。为保证烟株的旺盛生长，必须施足基肥，早施追肥。栽植45天以后，干物质的积累急剧加快。在45～55天内，全株干物质积累量占成株总量的51.9%，平均积累强度高达13.06千克/亩·日；叶片干物质积累量占成株时总量的59.5%，平均积累强度高达9.54千克/亩·日。说明此时是干物质积累的高峰期。到移栽后85天时，干物质在根、茎、叶中的分配已基本定局，根13%，茎23%，叶64%，一直到上部叶片成熟，这一比例基本维持不变，说明烟株已进入叶片成熟采收阶段。

表 5-12 烤烟不同生育期各器官干物质积累量和积累率

（河南襄城县 1988 年）

栽后天数	根		茎		叶		全株	
	积累量（千克/亩）	积累率（%）	积累量（千克/亩）	积累率（%）	积累量（千克/亩）	积累率（%）	积累量（千克/亩）	积累率（%）
20	3.3	6.9	0.929	1.1	23.22	9.8	27.45	7.5
35	5.32	11.1	3.32	4.1	26.21	11.1	34.85	9.5
45	7.902	16.5	6.25	7.72	44.82	19.0	58.97	16.2
55	20.85	43.4	28.43	35.1	140.26	59.5	189.54	51.9
65	25.79	53.7	51.60	63.7	180.59	76.6	257.98	70.7
85	44.34	92.4	78.48	96.9	218.29	92.5	341.08	93.5
110	48.00	100	81.00	100	235.89	100	364.97	100

二、烤烟对氮、磷、钾的吸收规律 营养元素是烟株制造干物质的物质基础，根据烟株大田各时期的无机元素吸收状况，结合烤烟干物质积累规律，是了解烤烟需肥特性，制订施肥措施，提高烟叶产量品质的科学依据。

从表 5-13 中可见，烟苗移栽到大田后，20 天内对氮、磷、钾吸收量都很少，积累率在 10%左右，以后对养分的吸收量逐渐增加。到栽后 55 天时，烟株已吸收了总氮量的 91.43%，总磷量的 69.3%，总钾量的 92.1%。大量吸收期以后，烟株对三要素的吸收量急剧减少。到采收结束时，烟株吸收的总氮为 7.953 千克/亩，磷为 0.852 千克/亩，钾为 11.97 千克/亩。根据最后单产 190 千克折算，每生产 100 千克烟叶需吸收氮素 4.18 千克，磷素 0.45 千克，钾 6.3 千克。吸钾量是氮素的 1.5 倍，磷素的 14 倍，说明烟草需钾量和吸钾量都很大，为了生产出色泽橘黄、香气足、吃味好、含钾丰富的优质烟叶，在旺长前

表 5-13 烤烟不同生育期间氮、磷、钾的积累量和积累率

（河南襄城县 1988 年）

栽后天数	氮		磷		钾	
	积累量（千克/亩）	积累率（%）	积累量（千克/亩）	积累率（%）	积累量（千克/亩）	积累率（%）
20	0.83	10.43	0.052	6.1	1.37	11.44
35	2.37	29.8	0.173	20.3	3.682	30.76
45	6.04	75.95	0.484	56.8	8.37	69.99
55	7.272	91.43	0.591	69.3	11.02	92.1
65	7.418	93.27	0.6287	72.61	11.21	93.6
85	7.941	99.84	0.826	96.97	11.691	97.7
110	7.953	100	0.852	100	11.97	100

期追施钾肥，或适当地根外补钾是必要的。

由表 5-12 和 5-13 可知，烤烟植株的干物质积累，在移栽后 65 天完成了 70.7%，而氮的吸收积累在栽后 45 天就完成了 75.95%，说明用于旺盛生长的氮素已提前储备在烟株体内。因此，氮素肥料应作基肥施足，如需追肥也应尽早施入，以保证在打顶后氮素供应必须枯竭。圆顶所用氮素靠浇水促进烟株体内氮素流通的再利用来满足。在施肥充足的情况下，园顶与否决定于烟田水分的供应。钾的吸收是在移栽后 35 天进入盛期，55 天到达高峰。说明烤烟前期，就必须吸收大量钾素，才能满足旺盛生长的需要。在严重缺钾的土壤上，钾是限制生长发育的因子，推迟钾肥施用，会明显地影响烤烟前期生长发育，只有在施足基肥钾的前提下，配施适量钾作追肥，才能使烟株早发快长，提高烟叶的质量。

氮、磷、钾在烟草根、茎、叶中的分布，在各个生育期中均以叶中最多，茎次之，根最少。说明烟株吸收后向生理活跃部位输送，促进其生长和发育。不同叶位各元素的含量分布也有一定规律：氮的含量自下而上随着叶位的升高逐渐增加；钾随

叶位的升高逐渐减少；磷的含量变化不大，在各部位叶片中的含量相对稳定。研究表明，烤烟花蕾、烟杈中的氮、磷、钾含量很高，所以要及时打顶、抹杈，以减少养分消耗，确保烟株圆顶对养分的需要。

营养元素的积累先于干物质积累，即元素的积累高峰在干物质的积累高峰之前。说明营养元素被吸收后，不一定马上被利用，而吸收与利用之间，可能间隔相当长的时间。营养元素在烟株体内容易移动，可以进行一次或多次再分配，再利用。通常根系从土壤吸收的氮、磷、钾可以通过木质部运入叶片，同时通过韧皮部输出。就这样营养元素一旦被吸入植株内，就可以重复地加以利用。因此，在施肥时必须强调重施基肥，早施追肥的原则。如果烟株在旺长期发现早衰再追肥，就为时已晚，烟株将会贪青晚熟，影响产量和品质。

第三节　烤烟施肥技术

一、确定施肥量的依据　烤烟的肥料用量，经试验表明了不同肥料用量对产量和品质的影响，为确定施肥量提供了依据。但在不同地区或同一地区不同地块确定施肥量时，则需根据土壤化验结果、茬口、耕层深度、土壤质地和肥力水平、品种耐肥性等因素来确定烟田需肥量，还要根据降雨量和灌水条件，以及生产实践经验进行综合分析，才能确定出准确无误的肥料用量。

在氮、磷、钾三要素中，磷、钾肥稍过量对烟叶产量品质无不良影响。烤烟对氮素很敏感，用量少时，中下部叶片薄，上部叶不展开，产量品质低。施用多时，延迟成熟，叶片浓绿、脆性大，油分少，易烤性差，烟叶品质和效益也低。大量试验结果表明，黄淮烟区以亩施氮素 3～4.5 千克，农家肥（饼肥）与化肥配合施用时，可达 6 千克；南方烟区以亩施氮素 5.5～6.5 千克为宜。在所施用氮素中，铵态氮与硝态氮比例应掌握在 1～3∶1。氮∶磷∶钾以 1∶1～3∶2～4 为宜。土壤速效磷含量在 10ppm 以下时，氮∶磷以 1∶2～3 为宜；土壤速效磷在 10ppm 以上时，氮∶磷以 1∶1～2 为宜。在此施肥量的条件下，还应依以下因素考虑氮用量的增减：①土壤肥力高的地块，氮的使用量取低限，中低肥力取中高限；②纯施化肥和少量农家肥（饼肥）的地块，氮素的施用量取中低限，以农家肥（饼肥）为主的取中高限；③耕层较深时多施肥，耕层较浅时少施肥；④前茬是芝麻、谷子和红薯时，按照要求指标施肥，前茬是玉米、大豆、棉花时，应以冬前深翻、冻融土壤为必要措施，在此基础上，中高等肥力地块（亩产玉米 400～500 千克），采用适当减少氮素，相对增大磷、钾比例，并增加硝态氮的使用比例。低肥力的玉米、大豆、棉花茬，在做好冬耕的条件下，仍可按标准保证氮素施用量。

无灌水条件的山区、丘岗旱作区，过去认为是低肥力、无水分保证的烟区，施肥量应比平原区减少 1/3。但近年来，河南省的科学试验和生产实践证明，丘岗区采取深耕、覆盖地膜和施用农家肥、保持土壤水分的措施时，施足氮素同样是优质丰产的决定性条件。部分土层较浅，质地瘠薄，砾石较多的地块，应保持中等氮量，采取单株少留叶的办法，促进叶片开展，以保证叶片的单叶重、色泽和内在质量，提高叶片等级和效益。

二、肥料混配和施肥时机　施足氮肥，合理配合磷钾肥，是施肥的首要原则。三要素之间既相互促进，又相互制约，而且不能相互代替，缺一不可。只有在一定的氮素水平上，磷、钾才能充分发挥其提高产量、品质的良好作用。如氮素水平过高，要增施磷、钾，只有在一定磷、钾供应水平上，才能充分发挥氮素的增产作用，又不致降低品质。三要素中任何一种不足，均会使烟株失去营养平衡，不利于烟株正常的生长发育。

有机肥料是一种完全肥料，除为烟株提供各种养分外，还能改善烟株根系活动层土壤的物理性状，对于根系生长和保持根系活力及土壤持续供氮的作用，是化肥所不能代替的。有机肥料主要指饼肥和农家肥。饼肥是烤烟的优质肥料，也可算是速效性肥料，土壤温度和水分适宜时，施用7～10天就开始释放养分，15天左右释放达到高峰，并能持续供肥。施用时应注意粉碎腐熟。农家肥是一种缓效性肥料，它含有烟草所需要的各种营养元素和丰富的有机质。例如1 000千克猪粪中含有机质150千克，氮素6千克（相当于40千克进口复合肥），磷素4千克（相当于30多千克磷肥），钾素4.4千克（相当于8.8千克钾肥），还有钙、镁、硫、铁及各种微量元素及维生素等，为作物生长发育提供了全面的营养元素。所以烟田增施农家肥，一般不易发生某些微量元素缺乏症。农家肥中除钾素外，大部分营养元素须通过微生物的发酵分解作用，将其转化为作物能够吸收利用的有机或无机态。其所含的养分一边释放，一边供作物吸收，其肥效较慢、较长，适作基肥施用，并且应充分腐熟，切忌施用未腐熟的生粪。生产中有人反映施粗肥烟易黑暴、炕不住，其主要原因是腐熟不充分，导致后期供氮较多，烟叶贪青晚熟。增施有机肥料，尤其是饼肥和牲畜粪，可协调土壤营养，改善烟叶的耐熟性，提高烟叶质量。一般情况下，可亩施粗肥2～3米^3，进口三元复合肥20～30千克，饼肥20～40千克，磷肥20～25千克，硫酸钾20～25千克。

河南省根据当地实际情况，经试验研究和生产实践，提出了3种土壤肥力的3个施肥方案：高肥力地，亩施牲畜粪2

米^3，混配肥（氮10%、磷6%、钾21%或氮10%、磷10%、钾15%，下同）20千克，饼肥、钾肥和磷肥各25千克；中等肥力地块，亩施牲畜粪3米^3，混配肥25千克，饼肥、钾肥和磷肥各25千克；低等肥力地块，亩施牲畜粪4米^3，混配肥30千克，饼肥、钾肥和磷肥各20千克。

烟叶的需肥特点是"少时富，老来贫，烟株长成肥退劲"，主要是指氮素的供应，其肥效的发挥只能提前不能推后，否则会出现"后发"现象，对烟叶品质极为不利。因此烤烟施肥要基肥追肥相结合。土质较粘重或壤土，土壤持续供肥力强，也就是通常所说的后劲大，氮磷可全部作基肥。土质粗松的砂土或砂质土可用20～30%作追肥，但追肥不宜过晚。河南省1991年5月中下旬至6月初降雨量较大，部分烟区基肥不足，加上养分流失，烟田脱肥，后又追施氮素化肥，结果使烟株后发，造成不易烘烤，上等烟比例下降。在大多数土壤速效钾含量在100ppm左右的情况下，钾肥应2/3以上作基肥，其余作追肥。从表5-13中可知，移栽后20天，钾的吸收完成了11.44%，35天时完成了30.76%，到栽后45天，钾的吸收量占最终吸钾量的69.99%。可见钾的吸收高峰远先于干物质积累高峰，因此只有施足基肥钾，配以追施适量钾肥，才能保证烟株早发及旺长成熟期的需要。

三、施肥方法　施肥方法不同，烟株对肥料的吸收利用率就不同，对烟叶产量品质的影响也不同。一般要求是牲畜粪在犁地前撒施；饼肥、磷肥和70%的复合肥、钾肥在起埂前开沟条施，沟深10～15厘米、宽15厘米左右，目的是加宽肥带；移栽时把剩余的30%复合肥施入窝穴内，移栽后15天左右，把剩余的30%钾肥追施。这样的综合施肥方法，体现了分层施肥和集中施肥的原则，窝肥施得比较浅，离烟苗根最近，结合栽烟浇水，肥效发挥快，烟苗新根长出便可吸收利用，可促进烟苗早发。随着烟苗根系的扩展，基肥发挥作用，满足烟株对养分吸收积累的需要，使烟株在旺长期开节开片，搭出丰产架子。这样随着烟株的生长发育，肥效逐渐发挥出来，既不脱肥又不徒长，前期旺而不暴，后期黄而不衰，叶片生长大小基本一致，使整个烟田生长呈现优质丰产的好势头。1991年，河南郏县和卢氏县的施肥方法试验证明，移栽时双行侧施比单行条施，产量品质更佳（表5-14）。

表5-14　施肥方法对烤烟产量品质的影响

（河南郏县　1991年）

处理	单产（千克/亩）	上等烟（%）	均价（元/千克）	亩产值（元）
撒施	172.42	31.87	3.04	524.16
条施	187.63	43.83	3.37	632.31
穴施	183.14	40.82	3.13	573.23
移栽时双侧施	201.06	49.41	3.43	689.64
移栽后10天双侧施	178.63	33.53	3.16	564.41

第六章　烤烟的选地、移栽和移栽密度

第一节　选地与整地

一、选地与合理布局　土壤是烟草赖以生存的场所，土壤的理化性状对烟草的生长发育和产量品质都有很大的影响。因此，选好烟田，合理调整烟田布局，是烤烟优质稳产的首要条件。烟田的选择，原则上要求地势较高，土质砂粘适宜，肥力适中，光照条件好，灌水方便，排水畅顺，没有病、虫、草源。在选好烟田的基础上合理布局与轮作，适当集中连片种植，便于烟田管理和技术指导，是目前提高烟叶生产水平的一项具有重大意义的措施。

(一)烟田土壤选择：烟草对土壤的适应性很广，除重盐碱土外，几乎在所有类型土壤上都能生长，但不同土壤所生产的烟叶质量差异很大。

就土壤理化性状来讲，烟草适宜种植在质地疏松，结构良好，土层深厚，通透性好，肥力中等，保水保肥能力强的壤土或砂壤土上，酸碱度在微酸性到中性之间。这样的土壤早春时地温回升快，既能保水又能通气透水，氮素含量适中，磷钾含量丰富，所产烟叶颜色金黄、橘黄，油分足，烟碱适中，香吃味好，品质优良；土质过于疏松，有机质含量低的砂土，保水保肥性能差，烟株前期生长良好，但后期易脱肥，所产烟叶颜色浅淡，叶片薄，香气不足；土质粘重，有机质和有效氮含量高，保水保肥性能好，但通透性差，烟田施肥量难以准确控制，烟株后期不易落黄成熟，所产烟叶品质变差。就土壤类型来说，一般红土、紫色土所产烟叶质量最好，黄土次之，黑土最差。就地势地貌而言，以丘岗坡地、缓岗地和平原高地所产烟叶品质较好；地势过高的岗脊地，由于缺乏灌溉条件，烟草易受干旱威胁，烟叶产量不稳定，往往导致低产劣质。

(二)烟田前作选择：烟草是对氮素反应敏感的作物，如果种烟土壤中氮素残留量大，则烟田施肥时难以控制氮素用量。若施氮过多，烟叶不易落黄成熟，甚至形成粗筋暴叶，严重降低烟叶的质量；施肥不足，则易导致后期烟田脱肥，减产降质。同时，烟草又是一个多病虫害作物，烟田选择不当容易造成病虫害大发生，影响烟叶的产量和品质，严重者会造成绝收。因此，必须根据前作收获后土壤中氮素残留量和前作与烟草有无同源病害，来选择烟草适宜的前作。

禾本科作物如小麦、玉米、谷子等与烟草无同源病害，同时其根系发达，耗肥多，是烟草适宜的前作。但近年来，在玉米栽培过程中大量施用尿素、碳铵等单元素化肥，使土壤中氮素的残留量较大，种烟施肥量不易准确控制，在选择前作时应慎重考虑。

芝麻一般施氮肥较少，且与烟草无同源病害，是烟草较好的前作。

红薯与烟草同为需钾素较多的作物。红薯收获后残留给下茬的钾素减少，红薯茬栽烟虽影响土壤对钾素的供应，但红薯施氮肥较少，加之红薯茎叶繁茂，块根产量高，耗肥较多，土壤残留氮素少，所以，红薯作为烟草的前作，对氮素的控制有利。同时，红薯收刨时深翻土壤，加厚了活土层，可以改良土壤结构，有利于烟株的生长。再者，红薯收获晚，接种小麦产量低。因此，在增施钾肥的基础上，红薯也是烟草较为适宜的前作。

豆科植物与烟草虽无同源病害，但由于根瘤菌的固氮作用，豆类收获后土壤中氮素残留量大，不宜作烟草的前作。但在低肥区大豆茬栽烟，有利于提高烟草的营养水平，只要注意增施磷钾肥，也可以考虑接种烟草。

棉花不适宜作烟草的前作，因为棉花施氮多，而且施肥期晚，接种烟草很难协调烟草的养分供应。

茄科、葫芦科作物（如番茄、土豆、瓜类等）与烟草有同源病害，是烟草禁忌的前作，不能接种烟草。

烟田重茬、乱茬也是导致烟田病虫害发生流行的主要因素。因此，烟田应坚持 3 年以上轮作制，避免重茬、乱茬。

（三）烟田适当集中连片种植：80 年代以来，随着农村生产责任制的实施，土地分户种植，调动了广大农民的生产积极性，但由于烟田大多分散零星种植，缺乏统一布局，对烟草规范化种植，带来了极大不便。一些新的农业技术措施得不到认真落实，造成技术棚架，这是目前限制烟叶生产水平提高的重要因素之一。实现烟草规范化生产，合理调整烟田布局，实行适当集中，连片种植，是一项提高烟叶质量的有效的战略性措施。首先，烟田集中连片后便于加强管理和普及先进技术。其次，可促使烟农互比互帮互学，扩大科技户的示范辐射作用，从而加速科学技术的推广普及，提高规范化生产水平。第三，有利于实现茬口统一、前茬施肥统一和烟田各项技术措施的统一，从而提高烟田群体功能，实现规范化管理，提高经济效益。

连片的规模要因地制宜，合理规划。最好能按3年轮作要求，进行一次性调整。麦收以前落实下年种烟面积，麦收后统一安排烟田的前茬作物，通过2～3年的统一调整，逐步形成一个相对稳定的烟叶集中连片种植制度。

二、整地　整地是为烟草的大田生长提供深厚的活土层，使之有较高的保水供肥能力，促进根系发育，是提高烟叶产量品质的先决条件。良好的整地对消灭病虫草害也有较大作用。

（一）平整土地：烟田平整对促进烟棵高低一致十分重要。土地平整后便于灌溉管理，节约用水，改变由于土地高低不平受水不匀造成的烟棵参差不齐。同时田间积水的减少也会大大限制烟草黑胫病、赤星病、蛙眼病等病原菌的繁殖和传播，保证烟叶健壮生长。

（二）深　耕

1. 深耕的作用

（1）改善土壤的物理性状：深耕改善土壤结构，增强土壤的透气性和保水性，提高蓄水和保肥能力，为烟草的生长发育创造良好条件。土壤的疏松或紧实，一般以容重和空隙度来表示，容重小，空隙度大，表示土壤疏松。在浅耕条件下，松土层很薄，耕作层下面形成了一个紧实的犁底层，大大限制了深层根系的发育，减少烟株对土壤水分和无机营养的吸收量，使叶片变窄，单叶重低。深耕打破了犁底层，加深了活土层，使土壤容重显著减小，改善了土壤的透水、蓄水能力，促进根系发育的作用。

(2)结合施用有机肥料，提高土壤肥力：深耕后土壤物理性状发生变化，透气、透水性的增大，加强了好气性微生物的活动，加速了有机质的分解，促进土壤本身释放较多的养分。深耕时结合施用有机肥料，使有机肥与犁底生土混合，可增加土壤有机质含量和保水肥能力，提高土壤肥力和丰产性能。

(3)减少病虫害和杂草：深耕的时间多在12月份，处于大雪和冬至节令。此时土壤夜冻日消，将在土壤中越冬的虫卵或幼虫翻出，使之冻死或人工捕捉，可减少虫害。同时病原菌也大大减少。利用深翻将草籽深埋，翻出草根，也减少了草害。

(4)促进根系和地上部生长：由于深耕增厚了活土层，改善了土壤的理化性状，为根系的生长创造了良好条件，使之不但有较多的浅层根系，且有大量的深层根系，增大了对雨涝和干旱的抵抗能力。同时，根际分布的扩大为叶片的发育奠定了良好基础，叶片长而宽，厚薄适中，品质优良。

2. 深耕的方法

(1)深耕的时间：北方烟区是在浅耕灭茬之后，冬季进行深耕。深耕要早，积蓄雨雪，熟化土层。春季及时耙耱保墒。西南烟区土质较粘，秋作物收获后应及时深耕，经日晒冷冻，土块自然疏松。底土经过自然风化，改良了土壤物理性状，消灭了大量地下害虫。东北烟区虽然冬季寒冷，但也应做到冬季深耕，不可使残茬留至翌年春季。

(2)深耕的深度：活土层深度应依根系分布的密集层而定。过浅限制根系发育和分布；过深虽对根系分布深度有促进作用，但根系密集层的肥料营养也易淋溶至底层，使肥料利用率降低。根系大多分布在表土以下 10～40 厘米，深耕的深度宜在 28～35 厘米。

(3)结合耕地增施有机肥料：深耕能使土壤疏松，促进根系本身速效营养的释放。但深耕不能增添或补充营养和有机质。深耕时施用足量的有机肥料，使土肥相混，生土变熟土，这不仅可提高烟叶产量，对整个大农业的生产水平提高都是有利的。

(三)春耕耙耱：春季随气温的回升，土壤水分蒸发量日渐增大，冬季雨雪贮存于土壤中的水分散失较多。我国春季和夏初的雨水较少，而移栽时和移栽后的墒情又是促进烟株前期生长的重要条件。河南烟区提出冬水春用，即在早春解冻时顶凌耙地保墒，把土壤中积蓄的雨雪水，保持在耕层里。也可结合施农家肥，春耕耙耱。而且是每一场小雨后都及时耙地保墒，起到冬水春用的作用。

(四)烟田起垄：烟田起垄移栽对促进烟株良好发育，提高烟叶产量品质具有良好作用。

1. 烟田起垄的作用

(1)增加地表受热面积，提高地温：起垄后烟行呈拱形，扩大了土壤的受光面积，有利于提高地温。据测定，春烟生长前期，垄栽比平栽的平均地温提高 1℃左右，有利于土壤养分的分解转化和烟株对水肥的吸收，促进烟株早发快长。

(2)增加活土层，扩大根系纵深生长范围：由于烟田起垄，使根系生长的表层土壤活土层加厚，可以改善土壤的水肥状况，提高肥料的利用率，有利于促进烟株根系的发育，提高合成烟碱的能力。

(3)排灌方便，减轻病害：烟田起垄后田间排水灌水系统得以改善，易于均匀灌水和迅速排水。同时由于起垄提高了根系所处的水平高度，不致因多雨烟田积水而受涝灾。而且由于降低了土壤湿度，可以减少烟草黑胫病的危害。

2. *起垄的方法*：烟田整好后先按预定的行距拉线划行，然后在两条线之间，用犁向两边封盖起垄。如果条施底肥，则先顺线开沟条施底肥，然后起垄。犁翻后打碎土块，清沟整理成垄。一般垄高13～20厘米，上浸易涝地和平原区可适当抬高，丘岗旱薄地可适当降低垄面。一般垄面呈拱形。

起垄时要注意以下几点：①掌握时机趁墒起垄，以春耕后立即起垄为好。如果起垄过晚，遇旱缺墒，不利于烟株的生长；土壤湿度过大时起垄，易造成土壤板结，影响烟株生长。因此，必须及时起垄，使土壤踏实保墒。②起垄高度不宜太高，以免影响烟田中耕培土。③地膜覆盖栽培的烟区，起垄后应立即覆膜保墒。④起垄时必须拉线定位，做到垄直沟平，深浅一致，排灌顺畅。

目前，烟田起垄存在的主要问题是有的地方起垄过高而窄，栽烟较浅，限制了烟叶产量品质的提高。高垄浅栽不易培土，常造成根系裸露，不但起不到促根发达的作用，反而使根系减少，遇大雨，烟株倒伏。烟草根系是叶片开展的先决条件，根际范围小，必然降低产量和品质。故要求起垄高度适当，以13～20厘米为宜。河南农业大学1985年所做的起垄高度试验结果表明，垄高13厘米处理的烟碱含量最高，达1.85%，糖/蛋白质，糖/烟碱和烟碱/总氮的比值也在理想的范围内。

尤其碱氮比值大于或接近于1，说明叶片的含氮化合物达到协调水平（见表6-1）。

表6-1 不同起垄高度对烟叶化学成分的影响

起垄高度（厘米）	总糖（%）	总氮（%）	烟碱（%）	蛋白质（%）	总糖/蛋白质	总糖/烟碱	烟碱/总氮
13	19.4	1.70	1.85	8.63	2.26	10.49	1.09
20	22.32	1.44	1.27	7.65	2.92	17.56	0.88
27	21.39	1.63	1.37	8.71	2.46	15.60	0.84
33	22.03	1.81	1.60	9.51	2.30	13.76	0.89
平栽（对照）	18.28	2.08	1.70	11.19	1.63	10.76	0.81

注：1. 供试品种为G_{140} 2. 化验样品为中黄三级

第二节 移 栽

移栽是烟草生产的重要环节。移栽的时间和质量，影响到烟草的成活、全苗和大田的生长发育。更重要的是移栽的时间影响到烟草生育阶段对自然资源条件的合理利用，故移栽对烟草的产量和品质影响很大。

一、确定移栽期的条件 我国地域辽阔，不同烟区的自然条件差异较大，对决定烟草移栽期因素的掌握不尽一致。东北烟区受光、温、雨、霜等自然条件的影响，种植制度为一年一熟制。烟草移栽期主要受温度和霜期的制约。黄淮烟区多是三年五熟制，无霜期达220天左右，烟草的移栽期，主要考虑如何充分合理地利用光照、温度和雨水资源，以尽可能提高烟草的品质。南方烟区水热资源丰富，一年多熟，烟草的移栽期主要受种植制度的影响。综合分析可知，无论哪个烟区，烟草移栽期的确定都要以能充分利用有利的气候条件，避开不利因素，使烟草的生长发育和成熟收烤都处在最适宜的环境下为原则。

（一）气候条件：影响移栽期的气候因素主要是温度、降雨和无霜期，其次是光照条件。

1. 温度：烟草生长的活动温度是10～11℃，低于10℃，烟草生长停止。当土壤10厘米深处地温达12～13℃以上时，有利于烟草新根的发生。因此，移栽时土壤10厘米深处地温必须达12～13℃，并有稳定上升的趋势，才能使烟草移栽后早发快长。确定移栽期还应根据烟草生育期的长短，把烟叶的成熟期安排在日均温20℃以上的季节，这样才有利于叶内干物质的积累和烟叶品质的提高。

2. 降雨：降雨量的大小和雨量的分布也是影响烟草移栽期的重要因素。烟苗移栽后有适宜的雨量，可促进还苗成活，保证烟苗的正常生长，旺长期有充足的雨水供应，可以促使烟株充分开片，成熟期雨量较少，可保证烟叶正常成熟和收烤，对生产优质烟叶最为有利。因此，在确定移栽期时，应使烟草的需水规律与当地的降水规律相吻合，把烟草的旺长期安排在雨量充沛的季节。

3. 无霜期：无论在移栽初期，还是收烤后期，霜冻都会给烟草的生长和烟叶品质带来不利的影响。移栽初期的霜害，延迟烟苗生长，甚至冻死烟苗；生长后期的霜害可使成熟叶片枯死，失去商品价值。因此，确定移栽期应根据当地无霜期长短，把烟草生育期安排在无霜和确保烟叶良好发育的季节。

4. 光照：烟草较其他农作物更喜温、喜光，尤其在烟草的旺长和成熟期，需要有充足的光照条件，促进产量和品质形成。从光照角度考虑，应尽可能把烟草安排在日照较长，日照百分率较高的季节。

（二）种植制度：在一年一熟或二年三熟制的烟区，春烟种植在冬闲地，移栽期的选择主要考虑气候条件。在一年多熟制地区，移栽期的确定主要考虑种植制度的影响，因移栽期的早晚往往影响前作的收获和后作的播种。一年多熟地区烟草移栽期的确定必须前后作兼顾，适期移栽，不误农时。前作收获后早整地，早移栽，以利后作能适期播种。

二、移栽适宜期 我国烟区分布广，各地自然条件差异较大，种植制度复杂，烟草移栽期不尽相同。

黄淮烟区的春烟以4月中旬至5月中旬移栽，夏烟以5月下旬至6月上旬移栽为宜。例如河南省气候特点的总趋势是春季气温回升快，蒸发量大。入夏气温偏高，常有干旱天气，7月份雨量最大。夏末秋初气温适宜，光照、雨水充足。冬季寒冷干旱。烟草生长季节明显表现出伸根期长，旺长期短和成熟采收期长的“两长一短”生长特点。烟草栽培过程中只有实现“五六月壮，七月稳，八九月长”的生长过程，才能把烟草的生长发育规律与气候因子的变化规律吻合起来，达到优质稳产。因此，河南烟区春烟的最佳移栽期应在4月下旬至5月上旬，这样可以使烟草还苗、伸根在5月至6月中旬。旺长在6月下旬至7月中旬。成熟采收于7月下旬至9月中旬。使烟株的生长过程与气候的变化吻合起来，充分合理地利用光、温、水资源，保证烟叶产高质优(见表6-2)。

表6-2 不同移栽期的经济性状 (河南农大 1986年)

移栽期(月/日)	单叶重(克)		亩产(千克)	上等烟(%)	亩产值(元)	中上部平均单叶面积(厘米^2)
	中部	上部				
4/15	8.0	10.7	162	35.3	457.5	1015.9
5/1	8.8	12.8	182	39.8	503.0	1336.5
5/15	8.4	12.8	181	40.0	456.9	1151.6
6/1	7.4	10.6	157	9.1	351.1	1212.2

注：供试品种为N_{C89}

西南烟区由于种植制度和气候的关系，移栽期比较复杂。

春烟自3月上旬至5月下旬都可移栽，但各地具体条件不同，移栽期有很大差异。

东北烟区受气候条件的限制，只种春烟，其移栽期以5月上中旬为宜。

三、移栽技术

(一)挖垛移栽：北方烟区一般采用挖垛移栽法。就是在移栽前一天或前半天，在炼苗的基础上，将苗床灌透水，以防挖垛时土块散碎。起苗时利用移栽铲将烟苗带土挖起，使土垛成6～7厘米见方的土块，即所谓“老娘土”。此法由于烟苗带土，根系受伤较少，同时土垛内又有较多营养，移栽成活率高。山东、河南省一般采用这种方法。

(二)拔苗移栽：云南、贵州由于阴雨较多，烟地分散，且多在丘陵高地栽烟，运输不便，因此尚习惯用拔苗法，也就是在移栽前一天或前半天，将苗床浇透水，移栽时徒手拔起烟苗，不管带土与否统称拔苗。此种起苗方法，由于根部受损失较大，栽后成活率较挖垛移栽低。

(三)营养袋和干起苗移栽：随着烟叶生产水平的不断提高，烟草的育苗和移栽方法进步很快。近年来不少地区改平畦育苗为营养袋育苗和平畦划块干起苗移栽。试验和生产实践都证明，营养袋育苗和干块育苗移栽法，对大田烟株的生长发育有良好的促进作用。

1. 营养袋和干起苗移栽的效果：

第一，提高烟苗成活率，缩短还苗期，促苗早发快长。据舞阳县烟草公司1983～1985年观察，干起苗移栽还苗期为3天，成活率在98%以上，比常规栽烟还苗期缩短5～7天，提前4～6天进入团棵、旺长期，由于旺长期延长，叶片得以充分伸展，光合作用增强，促进了干物质积累。

第二，有利根系发育，促进烟株健壮生长。由于营养袋和干起苗移栽起苗伤根少，烟苗根系只处于缺水状态，移栽时浇足水，烟苗遇水发出新根，促进了根系的生长发育。据栽后20～30天观察，干起苗栽烟比常规移栽烟株侧根多5～15条，根系下扎深4.5～10厘米，根干重增加1～2.5克，根系伸展范围扩大5.5～17厘米。烟株根系的发达，有利于烟株吸收较多水、肥，促进烟株的健壮生长。

第三，改善烟叶化学成分，提高烟叶产量和品质水平。由于营养袋和干起苗移栽烟的烟株发育良好，叶面积系数大，叶片生长时间长，改善了烟叶的内在质量(见表6-3)。

表6-3　不同栽烟方法对产量、品质和化学成分的影响　　(舞阳1985年)

移栽方法	亩产(千克)	均价(元/千克)	上等烟(%)	亩产值(元)	化学成分(%)			
					烟碱	总氮	总糖	蛋白质
干起苗	234	2.48	8.29	580.4	2.65	2.07	17.99	8.86
常规起苗	187	2.27	6.76	424.0	1.82	1.47	16.07	9.97

注：1. 品种为G_{140}　2. 化学成分为全株平均

2. 营养袋和干起苗移栽技术：营养袋育苗，利用配制好的营养土装入纸袋，移栽前不浇水，直接从苗床里拿取烟苗植入烟田。干起苗移栽虽然也是移栽起苗前苗床不浇水，但需从苗床制作起采取一系列措施。

(1)整畦铺底，条播下种：苗床经过精细整理施肥后，把畦土铲出8～10厘米进行铺底，即先在畦内喷洒适量敌百虫或硫酸铜药液，以消灭地下害虫，再铺0.3～0.6厘米的细砂，以阻隔烟苗根系下扎，利于起苗。然后把畦土返畦填平踏实。播种时按6～7厘米间距条播，为间苗划块打好基础。

(2)适时划块，断水炼苗。十字期间苗，一次定苗后用刀按

6～7 厘米见方划块，每块留苗 1 棵。此时划块，苗小根少不伤根。移栽前 15 天开始断水炼苗。

(3)干块起苗，浇足移栽水：移栽前不浇水，从畦内铺砂处起苗，保持烟苗土块不散，便于移栽。大田移栽时，挖大穴，浇足水，使苗土与大田土壤结合良好。缺水状态的烟苗，遇水发新根，烟苗还苗快，前期早发快。

(四)移栽方法：移栽前根据计划株、行距，按三角定苗刨坑栽烟。坑刨好后施入窝肥，将防治地下害虫的农药与底土拌匀，放苗后封半坑土，然后浇水，待水下渗后即可封土。移栽正值初夏，雨水偏少，应掌握刨大坑，浇大水，深栽烟，即使在墒情较好的情况下，也应保证移栽水充足。

(五)移栽注意事项：

第一，尽可能做到当天起苗当天栽完，以保证全苗还苗一致。

第二，移栽时选择大小一致的烟苗，均匀施入窝肥，均匀浇水，保证大田烟株生长的一致性。

第三，雨后土壤过湿时不能栽烟，否则会引起土壤板结，影响烟苗成活和前期发棵。

第四，湿栽时烟苗的土垛不能过湿，尤其对粘土苗床，不能使土垛含水过多，手拿土垛不能变形，否则土垛内根系也会折断，破坏土壤结构，虽能栽活，但烟株难以长大，产量和品质均低。

四、地膜覆盖 进入 80 年代以后，地膜覆盖技术开始在烟草上广泛应用，低温冷凉的东北烟区和无灌水条件的旱作区，都把地膜覆盖作为保温保湿的良好措施。实践证明，地膜覆盖有如下作用：①提高地温，促进养分转化；②保蓄土壤水分，防旱保墒；③减少土壤养分流失；④提早生育期，烟株生长良好。

地膜覆盖的方法，一般分两种。一是一般覆盖法：起垄高15～18厘米，宽60～75厘米，呈半圆拱形，栽烟后即行覆盖，再用剪刀将烟苗处的膜剪成“T”字形，使烟苗外露，用湿土封严烟苗周围，薄膜四周压封严实，以保湿，防除杂草。二是改良覆盖法：挖穴深达12～14厘米，栽完一行后随即盖膜，压封紧密。约在移栽后10天，在烟苗上方膜面处扎些小孔，以利降温换气。当气温达20℃以上时把烟苗掏出，用碎土封严烟苗四周。此法保温防霜冻效果良好。

综合上述，盖膜有其好处，但盖膜后前期不便管理，还应注意以下事项：①盖膜时土壤要水分充足，尤其丘陵干旱地区，水分不足，起不到盖膜作用。②覆膜应喷施除草剂。③适当增加肥料用量，因盖膜栽烟前期土温高，土壤营养分解快，与常规栽烟同量施肥，烟叶后期脱肥，颜色淡。

第三节　合理的移栽密度

移栽密度对烟草产量和品质影响很大，这是因为群体是由个体组成的，群体的结构及特性，是由个体的数量及生长发育状况所决定，而个体的发育状况又充分反映了群体的影响。因为群体内部的环境条件如光照、温度、湿度、通气状况等，随群体数量及生长变化而变化。这些环境条件的改变，反过来又影响个体的生长发育，个体和群体的互相制约的辩证关系，在不同密度情况下，其表现就有所不同。栽植过稀，个体发育较好，但群体没达理想水平，经济效益不高。过密时内部小气候恶化，个体发育不正常，叶片薄、品质差。

一、密度对田间小气候的影响

(一)密度对光照强度的影响：烟株进入团棵期以后，叶面积迅速扩大，随密度增加，荫蔽程度加大，光照强度显著降低。据 1982 年河南农业大学在舞阳试点的测定，密度由每亩 1 200株到 2 100 株，行间光强占自然光强的比例由 79%降低到 63%，株间光强由 27.3%下降到 3.7%，说明随密度的增加，中、下部叶光强度减弱太多，光合能力也必然下降。

(二)密度对群体内风速的影响：烟株群体内空气流动，二氧化碳得以交换和补充。随密度的增大，烟田郁闭，通风少，气体交换差，会形成底烘。

(三)密度对温湿度的影响：旺长期前，不同密度间小气候差别不大。进入旺长期后，温湿度差异逐渐明显，随密度的增加，气温、土温均下降，相对湿度上升，昼夜温差变小。而处于低温、高湿、光弱条件下的烟叶内含物必然少，叶薄而轻飘，品质降低。

二、密度对烟草生长发育的影响 由于不同密度，使每株烟在田间生长所占据的地上地下营养面积有差异，所以其个体的发育状况必然不同。河南农业大学 1982 年在本校试验农场所做的试验结果，见表 6-4。可见，随密度逐渐加大，根系密集层深度和宽度都逐渐减小，致使代谢能力减弱，影响了地上部分的正常生长。

表 6-4 不同密度对根茎叶生长的影响 (1982 年)

密度(株/亩)	根密集层			茎高(厘米)	茎围(厘米)	节距(厘米)	单叶面积(厘米²)	叶面积系数
	深度(厘米)	宽度(厘米)						
		行间	株间					
1 200	32	44	34	66.9	10.3	2.83	914.4	2.19
1 500	30	40	32	65.4	10.2	3.20	860.3	2.41
1 800	26	39	28	68.2	9.7	3.05	856.6	2.71
2 100	24	37	25	78.8	9.2	3.41	841.3	2.91

三、密度对烟叶产量、品质的影响　随密度的增加，个体生产力下降。但是在每亩2 100株范围内，个体生产力下降的总效益低于个体数量增加产生重量的总效益。故随密度增加，单位面积产量呈上升趋势（见表6-5）。

表6-5　烟叶不同密度的经济性状　（1982年）

密　度（株/亩）	单叶重（克）	产　量（千克/亩）	上等烟（%）	均　价（元/千克）	级指
1 200	6.53	168.8	3.3	1.58	0.39
1 500	5.89	190.0	10.1	1.80	0.45
1 800	5.05	192.7	4.5	1.68	0.40
2 100	4.75	214.3	4.1	1.53	0.38

随密度增加个体发育变差，必然地会影响到烟叶的化学成分。河南农业大学1982年在襄城县试点的试验结果证明，随密度增加，总糖和氯离子含量上升，烟碱、总氮和蛋白质下降。因而随密度的上升，烟味变淡，劲头变小，品质降低（见表6-6）。

表6-6　不同密度烟叶内化学成分　（1982年）

密　度（株/亩）	总糖（%）	总氮（%）	烟碱（%）	蛋白质（%）	钾（%）	氯（%）	糖/碱
1 200	18.5	2.5	2.1	13.4	2.7	0.6	8.9
1 500	21.3	2.3	1.9	12.5	3.3	0.8	11.4
1 800	22.7	2.1	1.5	11.4	2.3	0.8	14.9
2 100	23.3	2.1	1.2	11.6	3.1	0.8	20.1

综合上述，只有合理密植，使单位面积株数适当，才能合理利用光能和地力，使个体有适当的营养面积，得到健壮生长，才能使品质优良。

四、确定合理的群体结构　合理的群体结构，必须协调群体内部的各种矛盾。既要尽可能发展群体，又要保证个体的良好生长。多年来的科学试验和生产实践经验都证明，平原区一般每亩种植 1 000～1 200 株（行距 100～115 厘米，株距 50～65 厘米），丘岗区每亩种植 1 200～1 400 株（行距 100～110 厘米，株距 45～50 厘米）。在此范围内，土层深厚，肥力高的地块要稀植，耕层浅要密植；单株留叶多，要稀植，留叶少，要密植；气温高、光照强的地区要稀植，气温低、光照弱的地区要密植。在品种、施肥等措施适当的情况下，这样做可使烤烟质量得到充分体现，获得较高的经济效益。

为便于根据不同密度确定行株距，可参考查对表 6-7。

表 6-7　种植密度查对表　（单位：株/亩）

行距	株距（厘米）							
（厘米）	43.3	46.7	50.0	53.3	57.6	60.0	63.3	66.7
90	1709	1587	1481	1388	1307	1234	1169	1111
95	1619	1503	1403	1315	1238	1169	1108	1052
100	1538	1428	1333	1250	1176	1111	1053	1000
105	1465	1360	1269	1190	1120	1058	1002	952
110	1398	1299	1212	1136	1069	1010	957	909
115	1337	1242	1159	1086	1023	966	915	869
120	1282	1190	1111	1042	980	926	877	833

第七章　大田管理

第一节　大田期烤烟的生长发育特点与管理要点

从烟苗移栽到烟叶采收完毕称为烟草的大田期。大田期的长短因品种和栽培条件而异，一般为 100～130 天。根据大田期烟草的生长发育特点可分为还苗期、伸根期、旺长期和成熟期4个生育阶段。要获得烟叶优质稳产，就必须根据大田各生育阶段烟草的生长发育特点，采取相应的栽培技术措施，合理促控，加强管理，促进烟株正常的生长发育，确保烟叶产量和品质的形成。

一、还苗期的生育特点与管理要点 从烟苗移栽到还苗成活称为还苗期。还苗期的长短因移栽苗的素质和移栽质量的好坏差异很大，一般为7～10天。移栽质量好时，只有3～5天，甚至移栽后不停止生长，没有还苗期。

（一）生育特点：烟苗移栽时的根系受到损伤，吸收能力暂时减弱，而地上部分的蒸腾作用仍然照常进行，从而造成烟株体内水分亏缺而出现萎蔫现象，茎叶生长停滞，必须待根系恢复生长并达到一定程度后，烟苗才能继续生长。因此，还苗期的生长特点是，根系生长比较活跃，而茎叶的生长几乎停止。当烟苗不再萎蔫，新叶出现时，标志着移栽苗已经成活，还苗期结束。

（二）管理要点：还苗期烟田管理的中心任务，是保全苗、保密度，在苗全苗齐的基础上促还苗成活，壮苗早发。为促使移栽苗早发快长，要在精细整地、施足底肥、壮苗适栽、提高移栽质量的基础上，加强大田保苗工作，注意查苗、补漏，小苗偏管，并及时中耕，增温保墒，为苗全株壮奠定基础。

二、伸根期的生育特点与管理要点 从还苗到团棵称为伸根期。贵州烟区又称这一时期为摊莞期，称团棵为斑鸠窝。伸根期一般需要25～30天。

（一）生育特点：烟苗移栽成活后，茎叶恢复生长，新叶不断出现。初期茎部尚短，叶片聚集地面，随着烟株的生长，叶片增生速度加快，茎部也伸长加粗，移栽后30天左右株高33厘米左右，叶数达 12～16 片，烟株宽度与高度之比约为 2∶1，株形近似球形，心叶下陷，称为团棵。

伸根期烟株的生长中心在地下部，根系生长迅速，根干重和体积比前期增加 10 倍以上，而地上部分生长比较缓慢，自还苗到团棵，平均每 3 天左右发生一片新叶。此期是烟株的营养生长时期，也是决定烟株叶片数目的关键时期。烟株体内代谢活动以氮素代谢为主，光合作用所制造的有机物，主要用于根、茎、叶的生长。伸根期是烟株旺盛生长的准备阶段，也是栽培管理的一个重要时期。

（二）管理要点：伸根期烟田管理的中心任务是蹲苗、壮株、促根，促使烟株稳健生长，要上下兼顾，合理促控，搭好优质稳产的架子。重点做好深中耕、培土、追肥和适当控水等管理工作。

三、旺长期的生育特点与管理要点　从团棵到现蕾称为旺长期。一般需要 25～30 天。

（一）生育特点：烟株团棵后不久，很快进入旺盛生长阶段。生长中心从伸根期的地下部，转移到地上部分，茎迅速长高加粗，叶数迅速增加，叶面积迅速扩大。同时，从团棵期开始，烟株茎顶端生长锥由分化叶片转为分化花序原始体。所以，旺长期是烟草营养生长与生殖生长并进的时期，但仍以营养生长为主。仅是烟株体内代谢方向由氮代谢向碳代谢转化，但仍以氮代谢为主。由于此期烟株茎叶生长迅速，因而也是决定烟叶产量和品质的关键时期。

（二）管理要点：旺长期烟田管理的中心任务是稳长、促叶、增重，使烟田群体和个体都有适当的发展，烟株旺长，不徒长，达到“生长稳健，开秸开片”的长势和“上看一斩齐，行间一条缝，干净利落”的长相，为烟叶优质稳产奠定基础。烟株旺盛生长是需水需肥最多的时期，管理上要在施足底肥的基础上，重浇旺长水，以水调肥，以肥促长，但要根据烟株长势长相和土壤肥力状况做到促中有控，促而不过，以防烟株徒长。同时要在合理密植的前提下，防止烟株早花和底烘现象的发生。

四、成熟期的生育特点与管理要点　从现蕾到烟叶采收完毕，称为成熟期，约需50～70天。

（一）生育特点：烟株现蕾以后，下部烟叶逐渐衰老，自下而上陆续停止生长，依次成熟，并很快开花结实。烟草由营养生长与生殖生长并进时期转入生殖生长时期，体内代谢由氮代谢为主转为碳代谢为主，叶内制造的有机养分主要供应开花结实的需要，不利于叶内干物质积累。烟株现蕾打顶以后，人为地改变了烟株体内的代谢方向，生殖生长被抑制，反而促使烟株腋芽的连续发生，腋芽的生长同样消耗叶内养分，也会开花结实，降低烟叶的产量和品质，因此，成熟期是决定烟叶品质的关键时期。加强烟田后期管理，对提高烟叶的产量和品质具有十分重要的作用。

（二）管理要点：成熟期烟田管理的中心任务是增叶重、防早衰、防贪青晚熟。管理上应重点做好打顶、抹杈工作，并适当控制水分，及时收烤脚叶，改善田间通风透光条件，协调烟株体内合成与积累的关系，以利烟叶干物质积累和适时落黄成熟。

第二节　大田保苗

烟苗移栽后及时加强管理，保证烟田苗齐苗全，对夺取烤烟优质稳产至关重要。烟草大田保苗是在精细整地，壮苗下田，带药剂下田，提高移栽质量的基础上进行的。主要措施有如下几点。

一、浇足定根水 浇好定根水，对保证苗全，促进移栽后还苗，具有很大作用。在土壤墒情较好的情况下，一般移栽时每株浇水0.5～1升即可，促使烟苗还苗成活。如果土壤底墒不足，栽烟后浇1次定根水，小水轻灌，灌水后及时中耕保墒，促使烟苗返苗早发。

二、查苗补缺 烟苗移栽下地后7～10天，要进行补缺，有漏栽或烟苗受病虫危害，要及时补苗。补苗不能太晚，以免田间烟苗生长不齐。补栽的烟苗要选壮苗，苗要多带土，多浇水，促使其还苗成活早长，赶上早栽烟苗。

三、防治虫害 烟田前期害虫主要是地老虎、金针虫和蝼蛄等地下害虫，造成缺苗断垄。因此，除烟苗移栽时"三带"下地外，栽后还要加强防治地下害虫。具体防治方法见本章第六节(132页)。

四、地膜覆盖，减少蒸发 在缺墒少雨的干旱、半干旱地区，春季气温升高，土壤水分蒸发量大，对移栽苗早发不利，可采用地膜覆盖栽培。于移栽前覆膜保墒，移栽后减少土壤水分蒸发，提高地温，促进烟苗返苗成活，早发快长。

五、小苗偏管 查苗时如发现田间烟苗生长不一致，可对过大的烟苗，掐去下部叶片的一部分，以控制其生长；对较小的烟苗，则应采取施偏心肥、浇偏心水的方法，促使其赶上大苗，以保证大田烟苗生长的一致性。

第三节 中耕培土

一、中 耕

(一)中耕的作用：中耕是烟草大田前期管理的主要内容。中耕的作用主要有以下几点。

1. 疏松土壤，提高地温，调节土壤肥力：烟田中耕后表土疏松，接受太阳辐射能的表面积增大，经阳光照射，可以显著提高地温。同时，土壤的通气状况也得到改善，有利于土壤微生物活动，加速土壤有机肥料的分解转化，提高土壤中养分的有效性，改善烟株营养条件，有利于烟株早发、快长。

2. 蓄水保墒，调节土壤水分：通过中耕，切断了土壤毛细管，可以减少表层土壤以下水分的蒸发，起到抗旱保墒的作用。在土壤湿度过大的情况下，土壤通气性差，地温低，不利于烟草生长，中耕后提高了地温，使表层土壤散失一部分水分，增强了土壤的通气性。

3. 促进烟草根系的发育：烟草的根具有再生能力强的特性，大田中耕以后，将表层土壤中一部分根系切断，可以促进根系向纵深发展。同时，中耕以后改善了土壤的水、肥、气、热状况，有利于根系的活动和伸展。

（二）中耕的方法：烟田中耕的时期、次数和深度，主要根据烟草的生育时期、气候条件和栽培条件而定。还苗期是烟草恢复生长的阶段，以根系生长为主，低温和干旱是烟草生长发育的主要限制因子，中耕以保墒、保苗、清除杂草为主要目的。此期烟株幼小，根系尚未扩展，中耕宜浅，尤其烟株间中耕更不能深，宜浅锄，碎锄，破除板结。近根处划破地皮即可，切忌伤根或触动烟株，离烟株稍远处可略深，行间以深 2～5 厘米为宜。中耕质量要求烟株周围不留旱滩，不露缝，不动根，不盖苗。

伸根期是烟草生长发育的重要阶段，地上部和根系的生长速度逐渐加快，但烟株需水量不太大，过多的土壤水分对根系的生长不利，因此，伸根期中耕十分重要，此期中耕以保墒促根，防除杂草为主要目的。可在移栽后 15～20 天内进行深中耕，要锄深、锄透、锄匀。自烟株起，由近而远，由浅而深。每株烟要近四锄，远四锄，八面见锄。一锄重一锄，锄后土层要翻身。中耕深度，烟株周围6～7厘米，行间10～14厘米。

团棵以后，气温较高，雨水较多，烟株耗水量增大，而且烟棵也较大，不宜深中耕。可根据实际情况进行浅锄培土，除草保墒，中耕深度不宜超过6～7厘米。

总之，烟田中耕是一项重要而又灵活性较强的措施，必须因时因地灵活掌握。中耕应在烟株旺长以前进行，要求栽后锄，有草锄，雨后锄，浇后锄，中耕的深度应以先浅后深，再浅和行间深，两边浅为宜。

二、培　土

（一）培土的作用

1. 增加活土层：促进烟草根系发育，扩大营养吸收面积。

2. 便于烟田排灌：培土以后，烟株周围成垄状，行间形成垄沟，在多雨季节有利于烟田排水，防止涝灾。天气干旱时便于烟田灌溉，防止旱灾发生。由于培土加厚了表土层，促进了根系的发育，因而增强了烟株的抗旱能力。

3. 防风防倒伏：烟株高大易受风害。当烟株被风吹倒后，轻则大部分叶片受到不同程度的损伤，影响烟叶的内在质量，重则造成烟株根断萎蔫，在高温高湿条件下造成叶片烘烂，严重减产降质。培土后根系入土相对较深，而且植株根系发达，支撑能力增加，大大提高了抗倒伏能力。

（二）培土方法

1. 单行培土：又分平地移栽培土和垄栽培土两种。无论是平栽还是垄栽，都可进行单行开沟培土（见图7-1）。培土可结合烟田中耕进行，也可在深中耕后进行一次专门培土，将远离烟株的土壤向烟株基部围拢，培土后垄顶隆起，垄背缓坡，垄底平直。

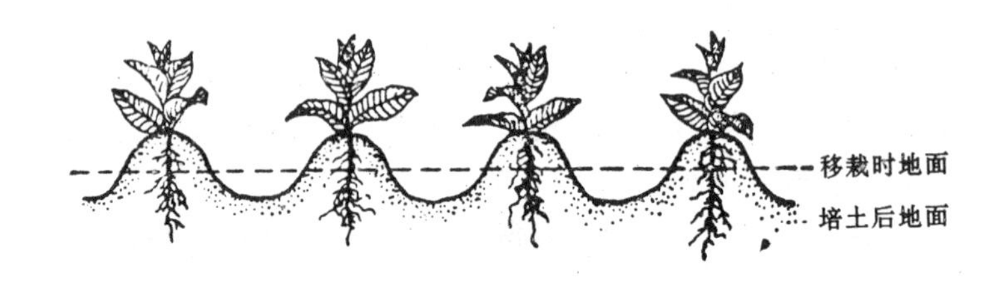

图 7-1　单行培土示意图

2. 畦栽培土：我国南方烟区因雨水较多，常采用畦栽，每畦 2～3 行。培土时，先中耕畦沟，然后将沟中松土拢于烟基部，此为烟脚培土（见图 7-2），也可将整个畦面培高，进行满畦培土（见图 7-3）。烟脚培土较为省力，培土量较少，但畦内行间易积水；满畦培土较费力，培土量大，对促进烟株根系发育具有良好的作用。应该注意的是，满畦培土应做到畦面平坦，以防积水，在多雨地区要求畦高在 33 厘米以上。

图 7-2　烟脚培土示意图

烟田培土应选晴天进行，最好能在培土前摘除基部衰老叶片，待伤痕干愈后再进行培土，以利防病、增产、增质。

（三）培土的要求：培土作用的大小与培土质量密切相关，

图 7-3　满畦培土示意图

只有高质量的培土，才能充分发挥培土的作用。烟田培土应做到以下几点：

1. 适时：烟田培土应在团棵期前后进行。分两次培土时，第一次可在栽后 15～20 天进行，第二次在栽后 30～35 天进行；一次培土则以团棵期为宜。培土太早，因烟苗小容易埋没心叶，抑制烟苗生长；培土太晚，烟株太大，操作不便，且易伤叶。

2. 培高：培土的高度，通常以垄高 15～20 厘米为宜，地下水位高、雨水多、风力大的地区，可适当增高，砂土宜适当降低。培土太低，起不到抗旱防涝防倒伏的目的。培土太高，易伤下部叶片，影响烟叶产量。

3. 饱满：培土要充实饱满，使土壤与烟株基部之间密切接触，并掌握土壤干湿度适宜时进行，以利于烟草根系的发生与生长。

4. 直平：培土后要求垄直、沟平，以利于烟田排水和灌溉。

第四节　烟田灌溉与排水

水分是烟草生命活动中重要的物质之一，烟草的一切生命活动都与水分有关。适宜的水分供应，能促进烟草生长发育的顺利进行，水分过多或过少，都会使烟草的生命活动受阻，影响烟叶的产量和品质。因此，为了实现烟叶优质稳产，必须根据烟草的需水规律，合理调控水分，为烟株正常生长发育创造有利条件。

一、灌 溉

（一）烟田耗水形式：烟田水分的消耗，包括蒸发耗水和蒸腾耗水两部分，二者合称烟田总耗水量。

1．蒸发耗水：蒸发耗水，即大田期由地表蒸发所消耗的水分。耗水量大小受地面覆盖度、土壤质地、结构、湿度以及大气的温度、日照、风力等多种因素的影响。一般在大田初期，烟株小，地面裸露面大，地表蒸发量大，随着烟株的生长，田间叶面积系数逐渐增大，地面覆盖率提高，蒸发量变小。但到烟叶成熟后期，随着烟叶成熟采收，叶面积系数又逐渐变小，地面蒸发量会有所提高。

2．蒸腾耗水：水分通过植株表面（主要是叶片）而散失水分的过程即为蒸腾耗水，也是烟株正常生长发育所必需的生理过程。蒸腾作用大小以蒸腾强度表示。蒸腾强度受植株生理特性、形态特征及外界条件，诸如温度、湿度、日照、风速、土壤等许多因素的影响，在大田不同生育时期，蒸腾强度的大小不同，由此蒸腾耗水量也不相同，总起来讲，在烟株团棵以前，蒸腾耗水量小，随后逐渐增大，成熟期又逐渐变小。

烟草需水的标志之一是需水量，又称蒸腾系数，是指植物制造 1 克干物质所蒸腾消耗水分的克数，可由田间总蒸腾量除以总干物质量求得。据测定，在温室条件下，烟株需水量是 167 克，而大田需水量比温室高 3～4 倍。

（二）大田期烟草的需水规律

1．还苗期：烟苗小，田间耗水以地表蒸发为主，叶面蒸腾量很小，而且还苗历时较短，阶段耗水量不大。但由于移栽时根系受到损伤，吸水能力减弱，而地上部分蒸腾作用仍然进行，从而造成烟株体内水分亏缺，导致烟株叶片萎蔫，生长停滞。为促使移栽苗生根成活，必须浇好移栽水。此阶段应保持土壤含水量为田间最大持水量的 70%左右。

2. 伸根期：根系迅速生长的同时，茎叶也逐渐增长，田间蒸发耗水减弱，蒸腾耗水增强。这个时期在地上部分和地下部分兼顾的前提下，应适当控水，以促进根系发展。但也不能过分干旱，如果土壤水分不足（田间最大持水量的 40%以下），则地上部分生长受阻，干物质积累少，进而影响根系充分扩展。反之，水分过多，土壤通透性变差，影响根系的生长，对中后期茎叶的生长不利。因此，此期以保持土壤含水量为田间最大持水量的 50～60%为好。

3. 旺长期：烟株茎秆迅速增高变粗，叶片迅速增厚扩大，根系继续向纵深和横宽扩展，加之此期气温较前增高，蒸腾量激增。同时，光合呼吸增强，各种生理活动十分活跃，所以烟田耗水量猛增，阶段耗水量达全生育期耗水量的 50%以上。为了使烟株各种生理活动正常而旺盛地进行，必须加强灌溉，充分供水，以满足烟株对水分的需要，促使烟株在旺盛生长的同时，积累较多的干物质。此期应保持土壤含水量达田间最大持水量的 80%。

4. 成熟期：叶片自下而上陆续成熟。随着采收次数的增加，叶面蒸腾相应下降，而烟株生理活动主要是干物质的积累。此期天气晴朗，温度较高，应适当控制水分，以保持田间最大持水量 40～60%为宜，促使叶片正常成熟，有利于烟质的提高。

（三）灌溉的时机：根据当地有效降水量、气候特点、土壤条件、栽培技术等，尽量减少灌水次数，在不影响烟草正常生育的情况下，尽可能把旺长期安排在多雨季节，以充分利用自然条件，在此基础上，决定灌溉时期的依据有以下几点：

1. 土壤湿度：一般土壤湿度在田间最大持水量的60%以下就要灌溉。

2. 形态指标：烟株水分的亏缺，常从植株形态上反映出来，当烟株叶片白天萎蔫，傍晚还不能恢复，直到夜晚才能恢复时，表示土壤水分已不能满足烟株正常生长的需要，应当灌水，这时灌水效益较高。如果次日早晨还不能恢复正常，说明严重缺水，必须立即灌水抢救。这一指标的缺点是，当形态上表现萎蔫时，生长已受影响，灌水已经稍迟。

3. 生理指标：生理指标中对灌水反应灵敏的是叶片的水势（细胞吸水力）。它能更好地反映烟株内部的水分状况，是合理灌溉的较好依据。当植株缺水时，叶片水势很快降低，但不同部位的叶片和不同时间的水势常不相同。故应在上午9时左右测试一定部位的叶片，从中找出各生育期较为经济合理的指标。

4. 生产经验：我国烟农从常年生产实践中，总结出了“看天、看地、看烟”的三看浇水经验，即浇水要依据天、地、烟三方面的情况综合考虑，灵活掌握，以满足不同生育期烟株对水分的需要。

为获得烟叶优质稳产，通常按照烟草大田生育期，把灌水分为：移栽水、还苗水、伸根水、旺长水和平顶水。

(1)移栽水：除供给烟株充分水分外，还可使土壤塌实，根土密接。这次浇水提倡穴浇，以利还苗成活。

(2)还苗水：为促进烟苗迅速发根，提早成活，在水源充足地区，移栽后如天气干旱，可轻浇1次，水量不宜过大。

(3)伸根水：在干旱严重的情况下，可轻浇1次水，一般烟田土壤湿度在田间最大持水量的50～60%时可以不浇，以利蹲苗，促进根系向土壤深处伸长。

(4)旺长水：烟株旺长期气温高，植株迅速而旺盛生长，需水量是烟草一生中最多的时期，应将土壤湿度保持在田间最大持水量的70～80%。河南此期强调重浇麦前水，透浇麦后水。

(5)平顶水：烟叶成熟期一般不浇水。但土壤过于干旱，可轻浇以利顶叶开片，并有利于中下部叶烘烤。

(四)灌水方法：有地面灌水、地下灌水、喷灌和滴灌等。一般来说，地下灌水、喷灌和滴灌的效果优于地面灌水，地下灌水在我国烟草生产中很少采用，喷灌在局部地区试用。目前应用最多的仍然是地面灌水。

1. 地面灌溉：主要有以下几种方法：①穴灌。其优点是用水经济，地温稳定，有利于早发根。但在干旱年份，水源不足，运水不便的丘陵烟区移栽时，为保全苗，应尽量挖大穴，增加灌水量。②沟灌。适合北方水源充足的地区，沟灌时，一般多采用单沟灌水，即一沟挨一沟顺次浇灌，使烟田受水均匀。但在水源不足，土壤缺水较轻，气温偏低时，也可隔沟浇水，这样进度快，地温稳定。每天浇水时间，如地温低，可在中午前后浇水，有条件的地区用河水或设置晒水池以提高灌水温度。炎热天气，可在早、晚浇水。

2. 喷灌：具有省水，省工，减少病虫害，增产等优点。是先进的灌溉技术，适合于水源不足和丘陵旱地。喷灌时需掌握的主要技术要点有：①喷灌强度应与土壤透水性相适应，以水能渗下，不产生水流，不破坏土壤团粒结构为好。②水滴不能过大过小。过大易造成地表板结，淤小苗，或把土溅到叶面上削弱光合作用，并传播病害。水滴过小易造成水珠在空中飘散和蒸发损失。所以水滴大小，应根据生育期和土壤质地而定。③喷灌应均匀。这与喷灌机的质量参数和工作状态有关。④喷灌在夜晚无风时进行优于白天。

二、排水 烟草在整个生育过程中，需要充足的水分，但水分过多也不利于烟草生长。当水分呈饱和状态时，土壤空气缺乏，根系就难以进行正常的呼吸，烟株生长阻滞，甚至窒息而死。烟株受水害的程度取决于渍水时间的长短，淹水时间愈长，植株受害愈重。植株对水淹的反应因生育期不同而不同，一般是后期重于前期。因此，烟区应特别注意田间防涝排水工作。北方平原区在整地时应修好排水系统，挖好排水沟，烟垄培好土。南方烟田应采用高畦种植，厢台要高。烟田开设垄沟、腰沟、围沟及通向池塘的大、小干沟。在多雨季节清理沟渠，防止淤塞。丘岗坡地，要在烟田上方挖截水沟或筑田埂，把水引走，防止水顺坡而下，不仅冲刷严重，还会冲毁烟株，这些工作均应在雨前及早培垄、挖沟预防。如坡陡，可使垄向或沟向与坡向垂直，如坡度小，其角度可变小。

第五节 打顶抹杈

一、打顶抹杈的作用 烟株现蕾后，叶内营养物质大量流向顶部花序，如任其开花结实，不仅会导致上部叶片小而轻，也会使中下部叶片变薄，重量减轻，基部叶片很快变黄枯死，降低产量和品质。因此，在烟草栽培中，打顶是烟草特有的一项田间作业，即在适当时期，摘去顶部花蕾或花序，以集中营养物质供应叶片的生长，从而改善上部叶片营养条件。从某种意义上讲，打顶可决定叶片数量、长度和宽度，提高单叶重。同时，还会使烟叶正常成熟，叶片化学成分发生有利变化，使烟叶产量和品质得到同步提高。

烟株打顶后摘除了顶端优势，会促使腋芽萌发而形成烟杈，烟杈仍能长出叶片并开花结实，大量消耗养分。如果不抹杈，就失去了打顶的意义，结果招致中下部叶片不充实，油分少，弹性差，吃味和香气降低，上部叶片也不能顺利伸展，长得小而薄。不抹杈的烟株，枝芽丛生，田间通风透光差，容易引起病虫害，从而导致减产降质。显而易见，打顶后及时抹杈，可使上部叶面积增大，叶片变厚，产量提高，均价增加，总收益提高。此外，打顶抹杈，还可促进次生根的萌发，增强对水分、养分的吸收和烟碱的合成。所以，及时抹杈也是烤烟优质稳产的一项重要技术措施。

二、打顶技术

(一)打顶方法：打顶又称摘心、打尖、打头、断尖、封顶。就其打顶方法而言可分手工打顶和机械打顶(美国已采用四行打顶器，打顶的同时，撒布抑芽剂)。在我国多采用手工打顶。按打顶的迟早又分为3种形式：

1. 见蕾打顶：即花蕾长到已能与嫩叶明显分清，趁花梗很短时，将花蕾花梗连同二三片小叶(也称花叶)摘去。此法养分消耗较少，顶叶能充分展开，效果较好。

2. 见花打顶：即在花序伸长高出顶叶，中心花已经开放时，才将主茎顶部和花轴、花序连同小叶一并摘去。

3. 扣心打顶：即在花蕾包在顶端小叶内时，十分小心地把顶摘去。此种打顶方法养分损失最少，可使顶叶长大，但费工，且易损伤顶叶，要有较高的技术和经验。对土壤瘦瘠的山地、旱地，长势较差的矮小植株，可考虑采用。

打顶时必须注意4点：①打顶要选晴天上午进行，以利伤口愈合。②田间有病株(特别是病毒病)时，须先打健株，再打病株，以免接触传染，打下的花芽、花梗要带出烟田，以免传染病害。③所留花梗与顶叶平齐而略高，以免伤口离顶叶太近，影响顶叶生长。④同一地块，一般在4～7天内进行二三次打顶，最后一次把不整齐的烟株顶芽也打去，促使叶片生长成熟一致。

（二）打顶时期和高度：要掌握打顶适时，留叶适当的原则。在生产实践中，还要考虑以下几个方面的灵活运用。

1. 气候条件：在雨水充足，气候温暖，无霜期较长的地区，打顶可以较高，多留叶；在雨量较少，气温较低，无霜期短的地区，打顶可以较低，少留叶。

2. 土壤肥力：施肥多，生长势旺盛的烟田，打顶可以较高，多留叶，以充分发挥土壤养分的作用，多收叶片，增加产量；土壤瘠薄，施肥量少，植株矮小的烟田，打顶可以较低，少留叶，以集中养分，使叶片充分生长成熟。

3. 品种特性：叶数较多的不耐肥品种和叶数较少的耐肥品种，要根据具体条件、栽培要求，灵活确定打顶时期和高度。

4. 栽培条件：灌溉条件好，行株距较大的烟田，可以打顶高些，多留叶；灌溉条件较差，行株距较小的，打顶要低些，少留叶。春烟生长期长，打顶可以偏高，多留叶；夏烟、秋烟、冬烟及补栽烟株，可以打得低些，少留叶。

这样做，主要是避免生产上出现的两种倾向，即打顶过早，留叶过少，产量过低，使上部叶大而厚，株型成伞状，不但上部叶品质下降，中部叶也会因为顶叶的遮蔽而降低品质。打顶过晚，留叶过多，顶叶瘦小，烟株成尖塔形，同样降低产量和品质。

三、抹杈技术

抹杈又称去蘖、打杈、抹芽、打荪。抹杈的方法有人工抹杈和利用药剂抑制两种。

（一）人工抹杈：抹杈要早抹、勤抹、彻底抹。安徽烟区有抹“鸡嘴”杈（叶片张开），河南烟区有“抹杈不过寸，过寸跑了劲”的经验，即最好在腋芽3厘米左右时就抹去，一般每隔5～7天抹1次。抹杈时要连腋芽的基部抹去，抹下的杈要带出烟田。早抹杈小，脆嫩好抹，伤口容易愈合，并能促进叶片生长，杈大养分消耗多，木质化后费工难抹。

（二）利用药剂抑制腋芽：人工抹杈费工较多，而且抹杈期间正处在劳动紧张的收获季节，操作过程又容易传染病害。所以，近40多年来，世界各地都在研究利用药剂抑制烟草腋芽，主要应用的有：

1. 触杀剂：包括脂肪酸甲脂，C_8-C_{10}脂肪醇和醋酸二甲基十二烷胺。它们之所以能有选择地杀死分生组织，主要是对细胞膜功能的破坏，由于幼嫩和成熟器官角质层结构不同，它们能透过腋芽表皮以下的组织产生局部杀伤，而对茎叶没有影响。但它们在体内不传导或传导力很差，因而药效期极短（一般7天左右）。触杀剂以粗雾喷在烟叶上集结，然后沿主茎下流接触腋芽，使用正确时，虽可得到良好效果，但没有涂抹在腋芽上效力高。河南农业大学1981年对正辛醇〔$CH_3(CH_2)_6CH_2OH$〕的试验结果表明：在0.5～8%范围内，浓度愈高，抑芽效果愈好。喷施以4%和6%浓度效果最好，腋芽死亡率达88.7～94.9%（仅喷嫩芽，不要喷到叶片上）。涂施以6%浓度最好，腋芽死亡率为94%，涂抹后30分钟发黑，直至枯死，对不超过6厘米的芽均有效（打顶后10天以内）。施药后单叶面积、单叶鲜重、单叶干重均明显提高。涂抹时，由于浓度高，不要抹在叶片上，以免伤害叶子。

2. 内吸剂：应用较多的是马来酰肼（即顺丁烯二酸酰肼，

简称 MH），它是一种人工合成的生长调节物质，喷在叶面上，很容易被吸收，先到根部，然后再上升到烟杈的生长点，抑制其生长，只要浓度和药量合适，对其他已展开的烟叶几乎无影响。试验结果证明，用 0.25～0.5％的 MH 喷施，每株喷 20～25 毫升，效果随浓度增加而提高。在 0.25％以下，抑芽效果下降。在 0.5％以上，会发生不同程度的药害。现蕾时喷施，较现花时喷施抑制效果高。喷施 MH 最好选择晴天无风时进行，全株喷施或仅喷施腋芽，上午植株生长活动旺盛，吸收率高，施用效果较好。经历一段干旱之后的烟株，因吸收能力减弱，会影响抑芽效果。施用后 8 小时降雨，需重新喷施。为了彻底防止烟杈生长，可喷施两次，第二次宜在第一次喷施后 3～4 天进行。但由于施用 MH 后烟叶变厚，会降低填充力，烟叶的吃味也变得较差，同时，MH 在鲜叶和烤后烟叶中有残留（国际规定残留标准是 100ppm，德国规定 80ppm），所以在使用上还有不同看法。

为了减少 MH 的施用量和提高药剂抑芽效果，目前美国推行施用两次触杀剂，一次内吸剂的组合措施。具体做法是在早蕾到晚蕾期喷两次触杀剂，第一次在早蕾期（腋芽小于 2.54 厘米），喷施正癸醇、异癸醇等药剂，隔 4～6 天喷施第二次，在第二次触杀后 7～10 天喷施 MH-30。这样，触杀剂杀死打顶后出现的烟杈之后，MH 又能抑制烟杈的产生，直至采收结束，可以取得产量高、品质好的效果。

3. 局部内吸剂：瑞士汽巴—嘉基（Ciba—Geigy）公司新合成的派来姆（Prime），化学名称 N-乙基-N-（2-氯代-6-6 氟苯）-2，6-二硝基-4-3 氟甲苯胺，属局部内吸剂，它仅在腋芽初萌动部位内吸。因此，只需打顶后 24 小时内施用，能抑制腋芽和潜伏的第一、第二副芽不再萌发，这就兼具上述马来酰肼的

内吸和 C_8-C_{10}脂肪醇的触杀功能，可以一次使用而取得与上述药剂相同的效果。在烟株花轴形成并初花开放时打顶喷施每一叶腋，或以小杯将药液缓慢从顶部伤口浇下，效果均佳。

4. 除芽通：美国氰胺公司开发的一种二硝基苯胺，化学名为（N-乙基丙替）-3，4-二甲基-2，6-二硝苯胺，市售的为33%乳油。通用名为 Pendimethalin，作为除草剂能在许多种农作物和园圃作物中选择性地消灭1年生禾本科杂草与某些阔叶杂草。作为烟草抑芽剂已在世界上20多个国家广泛应用。经中国农业科学院烟草研究所初步试验，在现蕾期至始花期进行打顶，顶叶长度应不小于20厘米时施药，以避免幼叶产生畸形。打顶后摘除所有长于2～3厘米的腋芽。每升水中加入10～12毫升原药，混合均匀。用"杯淋法"将稀释液从烟草茎顶部淋下并浸润每一个叶腋，每株用药量15～20毫升，应使药液与每一个腋芽接触，抑芽率在90%左右，施用1次即可抑制腋芽发生至采收结束。"笔涂法"是将药液用毛笔涂抹于每个叶腋中，成本低，但较杯淋法用工量大。由于杯淋法省工省时，能显著提高烟叶产量、品质和均价，投入低，产出高，所以烟农乐于施用。

5. 乳油剂：对烟草腋芽有剧烈的杀伤作用。从国内资料来看，主要应用的有煤油胶质剂（用黄牛的牛胶10克，放入100毫升水中，加热溶化，然后滴入煤油10克，充分搅拌后使用）。使用时用毛笔或棉球直接涂抹，杈芽长度在3厘米以上时先抹杈后涂药，涂抹在第二芽的芽点上，以后就不会再生烟杈。涂抹时要注意不要将药液滴在烟叶上或涂抹过多而顺茎流下，造成药害。

第六节 大田期主要病虫害及其防治

一、虫害防治

地老虎

俗名土蚕、地蚕、地根虫、截虫等。常见的有小地老虎、黄地老虎和大地老虎3种，以小地老虎、黄地老虎较多见。低龄幼虫为害烟苗顶芽、嫩叶，将心叶咬食呈针孔状，叶片展开后呈排孔；大龄幼虫白天潜伏于根部附近土壤中，夜间出来咬食茎基部，造成缺苗断垄。

防治方法：地老虎的幼虫一般5～7月变为成虫，但它们很少在烟草上产卵，多数在杂草及蔬菜上产卵，以幼虫的形态在土壤中越冬。因此，冬季的深耕有很好的防治效果。大田期防治时，可用人工捕捉，也可用药剂防治。①喷粉防治。在苗床和大田进行地面喷粉，喷2.5%敌百虫粉，每亩用量1.5～2千克。②灌根防治。600～800倍敌百虫液对刚移栽烟苗灌到根周围土壤中，每株灌50～70毫升。③毒饵防治。用90%敌百虫500克，加水2.5～3升，喷拌碎鲜草或菜叶40～50千克，制成毒饵，每亩用量15～20千克，于傍晚撒入烟田中诱杀防治。也可在鲜桐叶上喷100倍敌百虫液，傍晚每亩烟田放60～80片桐叶毒杀幼虫。

蝼　蛄

又称啦啦蛄、啦蛄、土狗等。以成虫和若虫在表土下穿行隧道，使根系脱土失水干枯死亡，同时可将幼根幼茎咬断，被害处呈乱麻状。

防治方法：①毒饵诱杀。90%敌百虫500克对水15升，溶解后拌入 40～50 千克麦麸或豆饼中，堆闷片刻制成毒饵，傍晚每亩烟田撒施 2～2.5 千克诱杀防治。②药剂防治。40％甲基异硫磷灌根防治。③趋性诱杀。利用其趋粪、趋光性，采用田边挖坑堆粪捕捉或灯光诱杀。

金针虫

俗名铁丝虫。主要在春季烟苗刚移栽时，为害根系，造成烟苗黄化枯死。

防治方法：用人工捕捉，敌百虫毒饵毒杀（方法同蝼蛄防治），600～800 倍敌百虫液灌根（见地老虎防治）等方法防治。

烟　蚜

俗称腻虫。在烟草叶片上大量繁殖，吸食其汁液，使叶片卷曲。不仅如此，它的排泄物在叶片上形成大片的黑霉斑，损害叶子。蚜虫还是烟草花叶病的传播者。

防治方法：①40％乐果乳油 1 000～1 200 倍液喷雾防治。②40％氧化乐果与 90％敌百虫按 5∶1 混合，再稀释 1 000～1 200倍，喷洒烟株顶部。③50％抗蚜威可湿性粉剂，每亩 4 克，溶于 100 升水中，配成 40ppm 浓度喷洒。④2.5％的溴氰菊酯，每亩 8～12 毫升，或杀灭菊酯，每亩 10～15 毫升，超低容量喷雾防治。以上药剂最好在收获前 20 天左右停止使用。

烟青虫

幼虫取食烟草嫩叶、心芽，造成叶片穿孔或缺刻，严重时可将叶片吃光，仅留叶脉。现蕾后咬花蕾及果实，影响留种。

防治方法：①人工捕杀。②药剂防治。在幼虫发生期，可用 90％敌百虫 1 000 倍液或 25％西维因、50％杀螟松、50％辛硫磷均为500～1 000倍液喷雾防治,每亩用药液30～40升。或用1 000倍液水杨硫磷,1 000～2 000倍液的乙酰甲胺磷喷雾。后期施用尽量不要喷在中下部叶上,以免影响叶子香吃味。由于烟青虫秋季化蛹在土壤中越冬,秋季拔除残秆和冬季耕翻土壤,将会大大降低来年的虫口密度。

斑须椿象

成虫或若虫在烟草顶端嫩叶或嫩茎上刺吸汁液,造成上部叶片凋萎下垂,烤后黑糟,品质变劣。

防治方法:①人工捕杀。②药剂防治。用80%敌敌畏乳剂1 000～1 500倍液或50%久效磷2 000倍液、40%氧化乐果2 000倍液或2.5%敌杀死1 000～2 000倍液,以及敌百虫500倍液喷雾防治。在药剂喷雾时要统一行动,以防其四处迁飞继续为害。

二、病害防治

烟草花叶病

【症　状】 烟草花叶病又分为普通花叶病(TMV)和黄瓜花叶病(CMV),从苗期到大田期都可发生,以大田团棵期以后发生较严重。该病的突出症状是,感病较轻时,叶片上形成黄绿相间的斑驳。严重时,病叶色泽深浅、厚薄不匀,形成疱斑,皱缩不展,表皮茸毛脱落,失掉光泽,病叶粗糙,叶片变窄、扭曲,呈畸形。二者的区别是,TMV叶子边缘多向背面翻卷,而CMV叶缘有的向上翻卷,有的沿叶脉出现闪电状坏死。病株矮缩,根系发育不良,经调制干燥的叶片,松脆,品质降低。

【发病条件】 ①烟草本身的抗病、耐病能力不强。②气温在28～30℃时,特别是在5～7月份少雨干旱,土壤板结,根系发育不良，或干旱后遇到冷雨降温，有利于病害发生。③移栽过晚或过早，田间管理不及时，不注意田间卫生，前期烟株未长起来的烟田，发病重。④利用菜园地或重茬地育苗，与病源作物诸如马铃薯、萝卜连作、套种发病严重。⑤土壤粘重、肥力差、土层薄、易板结、排水不良地块，烟草生长弱小，易感病。⑥接触过病株的农具、手、工作服等可残留病毒，与无病叶摩擦，造成微伤口或蚜虫口器造成的伤口，均可传播此病。⑦花叶病发生严重的地块，多是由于残留于土壤中的病毒接触下部叶片造成的。⑧蚜虫发生多的年份发病重。

【综合防治】

（1）农业防治：①选种。从无病植株上采种，单收单藏，注意风选，防止混入病株残屑。②培育无病壮苗。苗床远离病源，床土及肥料不能混入病株残屑，注意清除苗床边的杂草。利用银灰色薄膜驱蚜，采用银灰色地膜与喷药治蚜结合起来。③轮作。实行 4 年两头种烟，不与茄科和瓜类作物轮作和间作。④移栽、抹杈等大田操作时，事先用肥皂水洗手。烟田局部发病时，应尽量把接触病株的各项操作，放在最后进行，防止人为传播。打顶抹杈要在雨露干后进行。⑤烟田周围种植大麦等抗蚜作物，防止蚜虫迁入烟田。⑥壮苗移栽。移栽时要剔除病苗，大田初期发现病株时要早拔除，补栽壮苗。及时追肥、培土、浇水，促进烟株健壮生长。⑦每年发病严重的地块，冬季要深耕、晒土，把表层污染土翻到下层，可大大减少该病发生。

（2）药剂防治：喷施 0.1～1%褐藻酸钠，防治 TMV、CMV 效果均好。国外用脱脂牛奶和放线酮进行预防。国内研究团棵后喷施 0.1%硫酸锌、硫酸铜溶液及烟草多效素溶液效果良好。在苗床期、团棵期、旺长期，叶面喷施 NS-83 增抗剂等药物，均有不同的效果。

黑胫病

【症　状】　根、茎、叶都能发病，但以茎基部为主，不同时期不同条件下的不同部位受到为害的症状不同。①“穿大褂”。成株感病阶段在现蕾以前，茎基部和根系受害后向髓部扩展，使髓变为黑褐色，影响水分的运输，病株叶片自下而上依次变黄，大雨后遇烈日、高温，则全株叶片很快凋萎，然后枯死。烟农称之为“穿大褂”。②“黑膏药”。在多雨潮湿时，中下部叶片常发生圆形大斑，直径可达4～5厘米，病斑初无明显的边缘，出现水渍状浓淡相间的轮纹，后迅速扩大，中央呈褐色，隐约有轮纹，形如“膏药”状，群众称之为“猪屎斑”。③“腰漏”。由叶部发病后，经主脉到叶基，再蔓延到茎，而造成茎中部腐烂，呈腰漏状。天气潮湿的条件下，病部表面产生白色绒毛状物，此为病菌菌丝体。

【发病条件】　①高温高湿的气候条件有利于病害发生。24～32℃为发病适温，28～32℃时发病最快。山东经验，湿度是发病的重要条件，7～8月份只要有1次大雨，并且温度在25℃以上时，就有可能发生。平均气温25～28℃时，降中雨也可能发生。旬降雨量在100毫米左右，5天相对湿度达90%以上，会严重发生。平均气温在25～30℃时，旬降雨量在150毫米以上，出现暴雨、大暴雨，病害会大流行。②地势低洼，排水差，土壤粘重的地块发病较重，反之则轻。碱性土壤，土壤中钙、镁离子增加，高氮低磷土壤发病较重。土壤中线虫为害较重的地块，病情亦重。③由于黑胫病菌在土壤中可存活3年左右，主要在0～5厘米土层中活动，靠水从伤口侵入或直接侵入。因此，同样条件下，连作地块发病较重，轮作地块较轻。

【综合防治】

(1) 农业防治：①选抗病品种。根据各地情况适时早栽，避过高温多雨季节，可减轻病害。②合理轮作。河南是4年两头栽烟的轮作制度，并注意同禾本科作物轮作为好，要防止与茄科作物如马铃薯、番茄等作物轮作。③精细整地，做好起垄培土，开沟排水等工作。

(2) 药剂防治：①甲霜灵1 000倍液灌根，或用每升含15克乙磷铝的溶液，每株20～30毫升，移栽封窝时灌根。②用0.3%乙磷铝药液，20%瑞毒霉乳剂400～800倍液，叶面喷洒防治。重病区可结合起垄培土施药2次，效果更好。

根黑腐病

【症　状】　烟草从幼苗到成熟均可发生，发病部位主要在根部，这也是与黑胫病的主要区别。感病以后的烟株生长缓慢，表现不同程度的矮化，拔出病株可见根系坏死，如若根系坏死不严重，植株也会变黄矮化。病株常早花。

【发病条件】　①发病最适温度为17～23℃，低于15℃或高于26℃，病情下降。②高湿土壤，温度偏低时，有利于病害发展。③土壤为酸性，即氢离子浓度在2512nmol/L以上(pH低于5.6)时，在任何温度下，都不易发生此病。微酸性或微碱性土壤，则给此病提供了发病的有利条件。

【综合防治】

(1) 农业防治：①选用抗病品种，合理轮作，并与防治黑胫病结合起来进行。注意不与豆科作物轮作，与禾本科作物轮作效果好。②选无病苗床，或苗床换新土，或进行消毒(见育苗章节)，以提高防病效果。③注意不用未腐熟的农家肥料，不用碱性肥料。④尽量避免浇水过多，注意雨后排水。

(2) 药剂防治：50%甲基托布津 500～1 000 倍液，苗床喷雾或茎基喷雾。

赤星病

【症　状】 烟草赤星病主要为害成熟叶片。有明显的感病阶段性，为害时期常在打顶以后。叶片感病后，先在下部叶片上出现圆形深褐色小点（直径 0.1 厘米），病斑扩大后，可达 1～2.5 厘米，仍保持圆形，病斑上的死组织出现同心轮纹。湿度大时，病斑边缘有淡黄色晕圈围绕，与健康组织有明显的界限。山东称此为"红斑"，河南、安徽、辽宁称"斑病"，云南称"恨虎眼"，贵州称"火炮斑"。

【发病条件】

(1) 温湿度条件：此病的流行温度，既不是低温，也不是高温，而是中温。日平均温度在 25℃以上，雨水充沛会严重发病。因此，春烟多在 7 月下旬到 8 月下旬降雨量大、次数多、天气不太热、温度不很高时发病。夏烟多在 8 月上旬到 9 月上旬流行此病。在打顶后遇上阴雨天气、温度回升较快，出现高温高湿条件时，也易发生和流行。

(2) 栽培条件：施氮肥过多、过晚，通风透光差或移栽后缺乏管理，生长缓慢，都会加重病害。

(3) 土壤条件：土壤粘重病害重，砂土病害轻。

【综合防治】

(1) 农业防治：①培育壮苗，适时早栽早收，以避过热天多雨季节，减少病害发生。②合理密植，科学施肥，氮肥用量不能过多，磷钾肥配合得当，促使烟叶及时落黄，适时成熟采收，改善通风透光条件。③加强管理，培土保墒，适时中耕，控制肥水，促使根系发达，增强抗病力，减轻病害。

（2）药剂防治：下部叶片零星发病，就要开始喷药。可用多抗霉素，每毫升 200 单位，每亩叶面喷施 100～150 千克，每隔 7～10 天 1 次，喷 2～3 次。如喷后遇雨，要补喷。也可每亩用扑海因 50 克，对水 50～60 升，喷雾防治，效果较好。

蛙眼病

【症　状】　主要发生于大田期成株叶片上，下部叶片较重。病斑圆形，比赤星病稍小，因病斑周围产生愈伤组织，限制了病斑继续扩大。病斑为褐色或灰白色，中央为白色，有窄狭而带深褐色的边缘，形如青蛙眼球状，故名"蛙眼病"。俗称"蛇眼"、"白星"、"鱼眼睛"。病害发展到后期，如遇暴风雨，病斑破裂脱落成穿孔，严重时许多病斑连成片，使整个叶片枯死。

【发病条件】

（1）温湿度条件：温度 10～34℃范围内均可发病，最适发病温度为 30℃左右。湿度大，阴雨连绵天气病害严重。

（2）栽培条件：密度过大，通风透光差的烟田发病重，反之，则病害轻。播种移栽晚的烟田病害重，感花叶病和根结线虫病的烟株也易感此病。

（3）土壤条件：地势低洼，土壤粘重，排水不良的地块，易感此病。

（4）烘烤初期温度低（30～32℃），病菌还会继续繁殖侵染，以致形成"绿斑"或"黑斑"，烤后叶易破碎，缺乏弹性。

【综合防治】

（1）农业防治：①早播早栽，及时采收，防止叶片过熟。摘除病叶，改善田间小气候。②实行冬耕深翻，搞好田间卫生。③在轮作基础上，合理密植，科学施肥，提高抗病力。

（2）药剂防治：在发病前后喷施波尔多液（硫酸铜：石灰：水为 1：1：200），每隔 5 天喷 1 次。也可用代森锌、代森锰、福美锌，并可试用内吸剂 25%苯来特 200 倍液喷施。

烟草白粉病

【症 状】 该病主要发生在叶片表面，以大田危害最重，苗期亦可发生。通常是在比较老熟的正面叶片上发生，然后自下而上逐步蔓延，很快遍及全株叶片，严重时也蔓延到茎上。初期被害叶面出现近圆形白斑，后出现一层白粉层，故称“白粉病’，俗称“上灰”、“发白”、“上硝”、“冬瓜灰”。后期叶片正反面都有白色粉状物，并可见褐绿和表面皱缩现象，最后叶片变黄变褐而枯死。病斑部位烤后成“煳片”，还带有一种臭味。

【发病条件】 ①发病的温度为 16～23.6℃，相对湿度为 60～75%，即在温湿度中等条件下，易发生此病。大雨可冲洗叶面菌丝和分生孢子，减少菌源。②日照少，施氮过多，钾肥少，密度大，烟株生长过于旺盛的下部叶片易感病。③大风可使分生孢子远距离传播，扩展病害。

【综合防治】

（1）农业防治：①选抗病品种，控制密度，适时早栽，及时采收脚叶，减少再侵染。②氮肥适量，增施钾肥，加强管理，搞好烟田排水，保证烟株稳健生长。

（2）药剂防治：发病初，喷施 50%退菌特 500～1 000 倍液，80%代森锌 500～600 倍液，50%甲基托布津 500～1 000 倍液，或多菌灵 1 400～1 600 倍液，百菌清 600 倍液均可。

根结线虫病

【症　状】　主要为害大田烟株根部，苗期也有发生。根结线虫侵入根部后，根部形成大小不等的根瘤，病株须根很少，须根上初生根瘤为白色，逐渐增大，呈圆形或纺锤形，严重时整个根系肿胀呈鸡爪状。群众称“根瘤”、“鸡爪根”、“马鹿根”。随之地上部发黄，生长缓慢，植株矮化。可明显看出烟田病株常顺垄发生，很少连成片。

【发病条件】　①温度22～28℃最适于发病。27～30℃时不到20天即可完成一代，但一般需21～28天完成一代。土壤中的湿度仅起次要作用，干旱年份此病发生较重。②碱土或土壤通气性好则病害重。保水保肥灌溉条件好的土壤，较旱地带砂性土壤病轻。

【综合防治】

（1）农业防治：①轮作。以水旱轮作效果较好。②烟田冬翻。将病根掘出烧掉，可减少越冬线虫数量。③施不带线虫的肥料，并施足底肥，栽后巧中耕，提温保墒，促使根系健壮生长，可减轻病害。

（2）药剂防治：在准备栽烟的烟垄上，开15～20厘米深的沟。然后每亩施用DD-混剂液20～30千克，选择地温15～27℃，土壤湿度5～25%时施药。施药后覆土，7～14天栽烟苗，杀虫效果最好。有条件的地区，还可使用80%的二氯异丙醚乳剂（商品名称Nemamol），每亩用药量90～170毫升，施用方法同上。

第八章　烤烟采收与烘烤

第一节　烟叶成熟采收和烤前处理

烟叶成熟采收，是决定烟叶最终质量的重要因素，近年来，国际烤烟市场上质量的竞争，实质上是烟叶成熟度的竞争。我国烤烟质量上“黄、鲜、净”的传统观念，已不能适应现代国际上“色、香、味、劲头”这种质量变革的要求。成熟度不够，致使烟叶带青、光滑、色泽不均匀，成了我国烟叶出口的制约因素之一。近几年来，随着我国烤烟生产规范化水平的不断提高和40级制烤烟国家标准的实行，对掌握采收成熟度，提高烟叶质量的重要性，有了更准确的认识。

一、烟叶成熟与成熟度

（一）烟叶的生长发育和成熟过程：烟叶自叶原基分化到成熟和衰老焦枯，是一个缓慢而连续的渐变过程，有其自身的规律。通常将叶片从发生到成熟采收的过程，划分为幼叶生长期、旺盛生长期、生理成熟期、工艺成熟期等4个时期。

1. 幼叶生长期：自叶片出现到占最终叶片面积的10%左右，这段时期称为幼叶生长期。幼叶生长期约10～15天。此期组织内的细胞分裂旺盛，叶细胞的形态结构完备，叶面积、体积、重量增长速度都很缓慢，叶片长12～15厘米，宽3～4厘米，叶面茸毛密被，叶色常呈淡黄绿色，叶片近直立状，各龄小叶相互包蔽。

2. 旺盛生长期：旺盛生长期是叶片在全生育期中生长速度和生长量最大的时期，该期所形成的叶面积、体积和重量约为：最终叶面积的 70%；最终叶体积的 80%；最终叶重量的 65%。

自幼叶生长期之后，在叶片达最终长度的 1/6～1/4 之前，仍有强烈的细胞分裂，此后则以细胞伸长为主，所以叶面积迅速扩大，叶片厚度明显增加。此时期烟株和叶片的绿色组织光合作用很强，叶内各种代谢活动旺盛，细胞吸水急剧加快。光合作用所制造的有机物质，前期主要用于构成新的细胞和生命活动，后期主要用于细胞体积的扩大和呼吸作用的消耗，自身积累较少。旺盛生长期叶内水分含量很多，干物质较少，并且蛋白质和叶绿素含量较多。

3. 生理成熟期：随着烟叶旺长过程的发展，细胞伸长速度变慢直到最终停止，叶片定型，干物质积累达到最高点，称为生理成熟期。生理成熟是作物学和生理学的概念。此期的主要特征是叶细胞逐渐充实，内含物质逐渐达到最高点。生理成熟期完成后，叶绿素含量开始下降，叶片开始衰老，合成功能开始减弱，叶内的代谢活动也开始转向以分解占优势，营养物质等以转化消耗占主导。

烟叶达生理成熟时，其质量特别是烤后内在化学成分、香吃味并没有达到消费者所要求的最佳水平，物理性状（可烤性、可加工性、可用性）也不是最佳时期。所以生理成熟的烟叶，不是加工工艺所要求的真正的成熟。

4. 工艺成熟期：烟叶和粮食作物是截然不同的。一般的粮食作物在达到最大生物学产量时收获是有益的。烟叶是一种特殊的经济作物，质量的意义远远大于产量，所以烟叶生理成熟之后需要等待叶内进行一段时间的生理生化转化，以使其化学成分逐渐趋于协调，达到人们所要求的最适宜状态，这段时间就是烟叶的工艺成熟期。烟叶在工艺成熟过程中，生命代谢活动的分解消耗，占绝对优势，大分子的物质转化成对吸食质量有益的成分。烟叶达到工艺成熟后，易烤性和耐烤性增加，烤后油分、色泽、结构及其他物理性状，诸如柔软性、弹性、填充性、吸湿性等，均更适于卷烟工业对原料的要求，特别是烟叶特有的香吃味，也由于内部化学成分的协调而达到最佳水平。

从生理概念而言，工艺成熟不是烟叶生长发育过程中阶段划分的范畴，而是叶片自生理成熟向衰老逐渐转化中的一个阶段。从烟叶工艺成熟期的特点可以看出，这个时期是为适应烟叶烘烤干制，特别是卷烟加工的可用性而人为划分的一个时期。

河南省农科院烟草所对红花大金元、N_{C89}、长脖黄 3 个品种的生长发育和成熟，观察结果如表 8-1。

表 8-1　叶片发生与生长规律观察表　（叶位：15）

品　种	叶发生		细胞分裂期		旺盛生长期	
	日期(月/日)	栽后天数	日期(月/日)	天数	日期(月/日)	天数
N_{C89}	5/14	25	5/15～5/29	15	5/30～6/13	15
红花大金元	5/16	27	5/17～5/31	15	6/1～6/15	15
长脖黄	5/10	21	5/11～5/22	12	5/23～6/13	22

续表 8-1

品　种	生理成熟期		工艺成熟期		叶龄(天数)
	日期(月/日)	天数	日期(月/日)	天数	
N_{C89}	6/14～6/21	8	6/22～7/7	16	79
红花大金元	6/16～6/29	14	6/30～7/20	21	92
长脖黄	6/14～6/19	6	6/20～7/5	16	77

（二）烟叶成熟度的概念：烟叶成熟度对烟叶质量是至关重要的，它决定了最终烟叶的外观质量和内在质量的各项理化性状指标。

所谓烟叶成熟度，就是指烟叶的生命活动逐渐走向成熟以至衰老的程度。烟叶的生命活动中存在着各种复杂的生理生化转化和叶组织结构的变化，这些变化必然地决定着烟叶的最终化学成分及其协调性，也影响着烟叶的物理性状和实用价值。因而，烟叶成熟度的含义和实质，就是指烟叶在生长发育和干物质积累之后，从生理生化的转化上达到适于卷烟工业原料需要的变化过程。

烟叶成熟度有田间成熟度和分级成熟度两方面的含义。田间成熟度，即烟叶田间生长状态接近、达到或者超过某一成熟标准的程度；分级成熟度指烤后烟叶接近、达到或者超过工业原料所要求的某一成熟标准的程度。田间成熟度是分级成熟度的基础，分级成熟度是田间成熟度一定程度的体现，也是烟叶质量的最终反映。烟叶的田间成熟度有如下几个档次和类型：

1. 生青：指烟叶还处于生长发育阶段，并且还没有达到最大叶面积。生青烟的产量质量都很差。

2. 不熟：不熟烟的叶片尚处于旺盛生长期，生长发育已经完成，但叶内干物质积累尚欠缺，内含物不充实，叶绿素含量高（叶色浓绿），淀粉和蛋白质等同化物质积累较少，但蛋白质比例较高。叶细胞排列间隙较小，组织结构紧密。含水多，保水能力强。各种化学成分不协调。尚不具备成熟叶的特征。不熟叶在烘烤时脱水和变黄均较困难，容易烤成青烟。烤后原烟油分不足，弹性差，光泽暗，结构紧密，有硬实感，多为青黄烟。燃烧时香气少，青杂气重，刺激性强，可用性差，而且在存放时容易吸湿霉变。其产量和质量均较差,效益不高。

3. 欠熟:指烟叶生长发育已接近生理成熟,其内含物已接近最高值。叶细胞排列间隙刚开始扩大,但仍较紧实。烟叶外观上仅稍具成熟特征。在烘烤时,烟叶变黄与脱水尚较困难。烤后原烟含青度也较大,容易出现青黄烟及光滑烟,其品质与产量均较低,效益不高。

4. 尚熟:尚熟即尚可称为成熟而又没有真正成熟,实际上仍是成熟度不够。此时烟叶已进入生理成熟期,已初具成熟叶的内在和外观质量。达到尚熟的烟叶,表现某些成熟特征,其内含物达到最充实状态,蛋白质和淀粉积累均达到高峰,产量最高,但各种化学成分尚欠协调,致香物质尚欠丰富。叶细胞排列间隙已扩大,但组织结构尚欠松弛。尽管组织较为均匀细致,但仍有紧密感,叶绿素含量开始迅速下降,但叶子落黄程度尚不充分。叶片含水量和保水能力下降,但仍嫌偏高。

尚熟叶在烘烤时脱水和变黄均较正常,尚好烘烤,但容易出现青筋、青基、青背及浮青等含青度略高的现象,要想烤黄筋黄片不含青或者叶肉不含青有一定困难。尽管烤后原烟产量最高,但多浅黄、淡黄、柠檬黄色。其弹性尚欠好,仍有平滑感,油分略不足,品质欠佳,总的效益并非最高。燃吸时尚有青杂气,而香气味欠佳。只能达到传统的黄、鲜、净标准,而不符合当前提高烟叶质量的要求。如用新国际标准衡量,则不仅难以进入上等烟档次,而且多属光滑叶。

特别值得注意的是,这种成熟度正是当前我国烤烟生产中传统采收经验的成熟标准,距离烟叶工艺成熟尚需 10～15 天,或更长一段时间。

5. 成熟:成熟即真正的成熟。此时烟叶已进入工艺成熟期,已具备成熟叶的优良性状。从内含物质方面看,蛋白质和淀粉等大分子成分有所下降。叶绿素含量大幅度下降，叶片充分落黄。叶细胞排列疏开，组织结构变疏。含水量和保水能力下降到适宜烘烤加工的程度，多种有利于香吃味的物质积累较多，各种化学成分及其比例协调。达到工艺成熟的烟叶叶面表现出各种典型的烟叶成熟特征。

成熟叶在烘烤时脱水和变黄均正常，不仅好烘烤，而且容易烤成理想的黄筋黄片。烤后原烟叶面皱，具颗粒状，组织疏，弹性好，油分足，多为橘黄色，且全叶质量较均匀，即叶尖与叶基、叶面和叶背、叶中与叶边，差异较少。尽管产量稍有下降，但烟叶品质明显提高，容易进入上等烟档次，效益最高。燃吸时燃烧性强，杂气和刺激性较小，使用价值高。

6. 完熟：完熟即完全成熟。是指营养充分、发育良好的上部烟叶，在达到工艺成熟后进一步继续发展和转化。叶片内含物的进一步消耗，叶重量明显下降。与此同时，叶片结构更疏，各种有利于品质提高的成分积累得更多，各种化学成分更趋协调，内在品质更优。达到完熟的烟叶，外观上的成熟斑等典型特征更明显，更突出。

完熟叶在烘烤时变黄和脱水均较快，较为好烤（但应注意防止内含物进一步消耗），烤后叶片稍变薄，色深而较暗，燃吸时香气足，吃味纯和，整体质量很高，尽管其产量有所下降，外观品质也不符合传统习惯，但其内在质量却最好，工业使用价值也较高。

7. 过熟：过熟即过度成熟。这时烟叶已进入工艺上的过熟时期，叶子明显衰败并趋向于衰亡枯焦。随着内含物的过度消耗，不仅叶片进一步变薄、叶重明显下降，而且品质开始变劣，且越过熟品质越坏，越过熟重量越轻。

过熟叶烘烤时变黄快，脱水快，向变黑方向转化亦快，处理不当容易出现烤黑。烤后所获原烟身份变薄，弹性较差，颜色变浅，光泽变暗，油分变少，燃吸时淡而无味，其产量、品质和价值均下降。

8. 假熟：假熟并非真正成熟，也不应当成为烟叶正常成熟的一个档次。它是烟叶在遮荫、脱肥、干旱、水涝等不良环境条件下生长发育障碍所致，其实质是“未老先衰”，没有达到工艺成熟之前就呈现外观的黄化现象。

9. 可逆性假熟：这类假熟可以逆转为不熟并恢复生长发育，从而重新达到更好的成熟程度。比如，在干旱条件下，由于缺少水分而造成生长发育不完全的叶子提前落黄，显现某些成熟的征兆，称为旱黄叶。旱黄叶属干旱假熟，在满足其水分供应后，仍可转绿恢复生长发育，直至重新成熟，这就属于可逆性假熟。再如因肥力不足而出现的叶子提前落黄，在满足其营养供应时也可以转绿并恢复生长、重新成熟，也属于可逆性假熟。

10. 不可逆性假熟：这类假熟通常不能恢复生长发育，也难以获得重新成熟的机会，故称为不可逆假熟。比如，下部叶在生长发育尚不完全时已成熟(受顶端优势及下部不良环境的制约)，若不及时采收，可能越变越坏，甚至发生底烘。再如病害叶提早出现成熟特征，往往属于不可逆性假熟。

应当认为，假熟是在特定条件下叶子呈现出来的异常现象。假熟叶的成熟度应根据情况灵活掌握，不可照搬上述成熟档次和标准。所谓的可逆和不可逆类型，也是相对的，不是绝对的。比如，旱黄叶在长期和严重干旱条件下，也将逐渐老化而变成不可逆的假熟。下部叶在刚刚呈现假熟征兆时，立即除掉顶端优势，并改善其营养条件，也会变得能够逆转。

按照15级制国家标准规定，上等烟的成熟度必须达到成熟,40 级制标准中 11 个上等烟,10 个要求成熟,1 个要求完熟。这就充分说明了烟叶作为商品,强调成熟度的意义了。而要获得烤后烟叶的成熟和完熟,就必须采收成熟和完熟的烟叶,否则,要提高烟叶的内在质量和商品等级就是不可能的了。

(三)烟叶成熟过程中组织结构的变化:烟叶的解剖结构影响和决定着烟叶的品质和可用性。烟叶在成熟过程中,叶片组织结构变化很大,表8-2是对N_{C89}、G_{140}两个品种不同部

表 8-2 不同成熟度烟叶栅栏细胞密度比较 (个/毫米^2)

品种及部位		欠熟叶	成熟叶	过熟叶
N_{C89}	上部	50.42	47.05	39.88
	中部	48.77	42.56	30.54
	下部	38.97	31.84	24.27
	平均	46.05	40.48	31.56
G_{140}	上部	65.13	48.85	43.42
	中部	51.56	42.88	40.70
	下部	46.13	42.40	37.99
	平均	54.27	45.38	40.70

位、不同成熟度烟叶解剖结构的测定结果。可以看出,同一品种,同一成熟条件下,栅栏细胞排列的紧密度具有一定的规律性,即上部大于中部,中部大于下部。就同一部位而言,欠熟叶栅栏细胞密度大于成熟叶的密度,成熟叶的密度又大于过熟叶的密度,这个规律也是明显的。如N_{C89}品种,欠熟叶的栅栏组织细胞密度平均值为 46.05 个/毫米^2;成熟叶为 40.48 个/毫米^2;过熟叶为 31.56 个/毫米^2。G_{140}欠熟叶的栅栏组织细胞密度平均值为 54.27 个/毫米^2,成熟叶为 45.38 个/毫米^2,过

熟叶为 40.70 个/毫米^2。

在烟叶由欠熟向成熟和过熟发展中，整个叶肉组织的变化，可以作如下简单描述：

1. 欠熟叶：叶肉细胞排列紧密，细胞内叶绿体数目多，原生质浓，细胞核和线粒体大而明显。

2. 成熟叶：叶肉细胞排列疏松，叶绿体减少，原生质变稀，细胞核和线粒体变小，部分细胞核消失。

3. 过熟叶：叶肉结构变得松弛，细胞失去原来的形态，原生质凝聚成丝状，叶绿体及细胞核均消失，栅栏组织和海绵组织的区分变得不明显，横切面上形成近似网状结构。

总的看，随着烟叶成熟度的增加，叶肉结构沿着紧密→疏松→松弛的方向发展。欠熟叶细胞，具有旺盛的生命活动和生理功能，成熟叶的叶肉组织和细胞生命活动锐减，过熟叶由于原生质的凝聚，原生质体结构的破坏，各种生理功能丧失。

（四）烟叶成熟期间主要化学成分的变化：鲜烟叶的组分中，水分约占 80～90％，其余是有机物质和灰分。烟叶内有机物质基本上分为两大类：一类是含氮化合物，一类是非含氮化合物。前者主要包括蛋白质、氨基酸、酰胺、氨化合物、生物碱等，后者主要有碳水化合物、纤维素、木质素、果胶质、有机酸、树脂、芳香油等。鲜叶中化学成分的平均含量如表 8-3。

表 8-3 成熟采收的鲜烟叶化学成分平均含量

化学成分	含量(%)
灰分	12.0
粗纤维	10.0
戊聚糖	2.0
果胶	7.0
挥发性油分、树脂、蜡质、石蜡	7.5
鞣酸	2.0
草酸	2.0
蛋白质	12.2
可溶性氮	3.3
碳水化合物	23.0
有机酸	11.0
未鉴定成分	8.0

1. 碳水化合物的变化:碳水化合物是烟叶光合作用的最初产物,烟叶中干物质的有机成分都是由碳水化合物直接或间接形成的。碳水化合物包括淀粉、纤维素、半纤维素、木质素、糊精、双糖、单糖等。在新鲜烟叶中有一定数量的淀粉含量,对烟叶质量是有益的,这是因为烘烤中淀粉可转化为糖,糖则有促进烟叶香气的作用,使吃味醇和。质量好的烤烟,含糖量都比较高,但若糖含量超过 30%,烟叶质量比含糖量 10%的还要差些。

碳水化合物的含量随着烟叶的成熟逐渐增加,到工艺成熟时达到最高点。此时碳水化合物的量占烟叶干物质总量的 25~50%,其中淀粉有时竟达干物质总量的 40~45%。成熟的烟叶再继续向衰老发展,碳水化合物则分解,含量降低,如表 8-4。

表 8-4　不同成熟度鲜烟叶淀粉含量　(%)

品种和成熟度		下　部	中　部	上　部
N_{C89}	生叶	10.16	13.57	11.37
	未熟	13.50	18.35	17.35
	尚熟	17.07	21.77	17.38
	成熟	17.40	28.32	23.40
	过熟	10.57	20.32	18.71
G_{140}	生叶	14.19	18.81	10.97
	未熟	17.59	18.91	15.19
	尚熟	21.44	23.39	20.11
	成熟	23.31	34.30	21.60
	过熟	13.20	24.31	16.30

可以认为,淀粉的合成过程即是烟叶的不断成熟过程,其含量最高时恰恰是叶内生理生化的转折点,也就是说烟叶的生命活动开始走向衰老,分解代谢占绝对优势。由此推知,鲜烟叶淀粉含量越高,标志着烟叶走向成熟,含量最高时达到充分成熟程度,一旦淀粉开始分解,烟叶叶片开始衰老,这时还原糖含量将大幅度增加,如表 8-5。

表 8-5　烟叶成熟过程中还原糖含量变化　(%)

部 位	N_{C89}					G_{140}				
	生烟	未熟	尚熟	成熟	过熟	生烟	未熟	尚熟	成熟	过熟
上　部	6.33	6.21	7.05	9.12	12.40	6.53	7.96	7.33	10.07	14.55
中　部	6.13	8.44	8.35	9.54	14.30	8.66	12.98	8.41	7.67	13.34
下　部	7.32	8.34	7.93	9.21	15.87	10.01	11.96	10.59	12.70	14.30

2. 含氮化合物的变化:烟叶中含氮化合物是人们吸用时最主要的物质之一,它对烟叶的质量有着决定性的影响,在一定范围内它确定着烟叶的吸食价值。

烟叶在生长发育和成熟期间，作为主要氮化合物的蛋白质，始终是增加的，在成熟前达到最高点，成熟后则又下降。工艺成熟的叶片蛋白质含量，一般为 10%左右，占含氮化合物的 40～60%。

烟碱及总氮的变化规律也几乎是与蛋白质有相同的规律。表 8-6 列出烟叶几个部位的氮化合物，是随成熟度的发展而变化的测定结果。

表 8-6　不同成熟度烟叶烤后氮化合物含量的变化

部位及成熟度	上部					中部				
	生烟	未熟	尚熟	成熟	过熟	生烟	未熟	尚熟	成熟	过熟
总氮(%)	1.84	2.01	2.38	2.11	2.05	1.75	1.88	1.98	1.99	1.81
烟碱(%)	1.92	2.33	2.47	2.39	2.22	1.70	2.11	2.39	2.40	1.86
蛋白质(%)	9.42	10.05	12.21	10.61	10.41	9.10	9.47	9.79	9.85	9.30
总氮/烟碱	0.958	0.863	0.964	0.883	0.923	1.029	0.891	0.828	0.829	0.973

续表 8-6

部位及成熟度	下部				
	生烟	未熟	尚熟	成熟	过熟
总氮(%)	1.61	1.77	1.86	1.83	1.56
烟碱(%)	1.56	1.71	2.01	1.78	1.56
蛋白质(%)	8.38	9.22	9.45	8.27	8.07
总氮/烟碱	1.032	1.035	0.925	0.915	1.000

3. 其他有机物质的变化：色素、多酚类物质、树脂、芳香油、有机酸等，对烟叶的色、香、味，都有重要影响，并且这些物质在成熟过程中都有各自的变化规律。

叶绿素和表现黄色的叶黄素、胡萝卜素、茄黄素等，在烟叶成熟过程中都是不断分解的，但是叶绿素降解的速度较快，

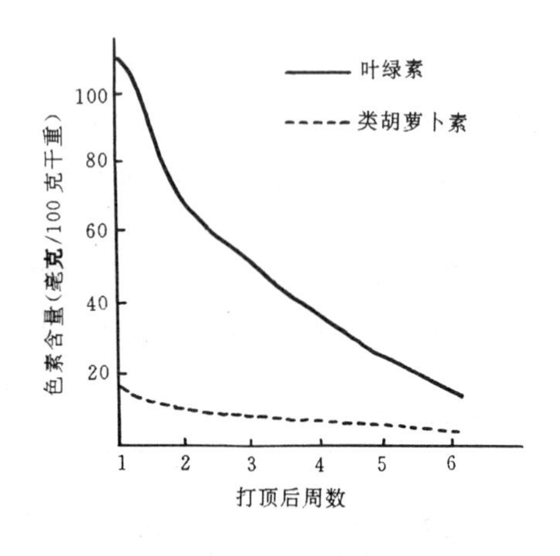

图 8-1　烟叶成熟过程中色素含量变化

表现黄色的色素降解速度较慢,因而黄色色素对叶绿素的比值不断增加,当叶绿素的含量减少到 40～50%时,烟叶就充分成熟。此时上述物质在成熟过程中的变化如图 8-1 所示。

树脂、芳香油、多酚类物质等,在工艺成熟之前是不断增加的,至工艺成熟时达最高点,之后则逐渐下降。

(五)不同成熟度烟叶的烘烤效应:随着鲜烟叶成熟度的变化,在烘烤中的表现及烤后结果差异很大。

1. 叶片结构的差异:未达到工艺成熟的烟叶在烘烤中叶肉细胞因失水而急剧收缩;过熟叶(工艺成熟之后)的叶组织细胞在烘烤中遇热迅速解体,细胞结构被破坏。这两种

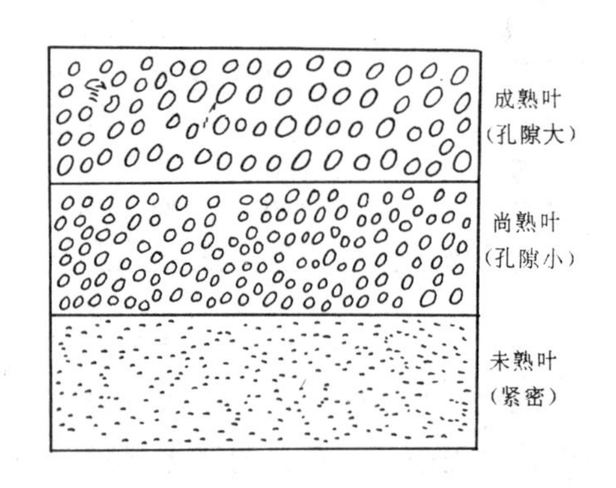

图 8-2　不同成熟度烟叶烤后结构比较示意图

情况下的烟叶，都难以保证在烘烤过程中活体细胞内进行充分的生化转化。正常成熟的烟叶在烘烤中遇热反应迟钝，细胞收缩缓慢，能够进行完善的生化转化。从烤后叶肉结构看，成熟叶烤后有纹理、有孔洞、结构疏松，而尚熟叶则孔洞变小，未熟叶则结构紧密（如图 8-2），过熟叶结构是松弛的。

2. 不同成熟度烟叶烤后外观表现和化学成分

（1）叶片结构：不熟的烟叶细胞排列整齐，茸毛稠密，气孔较小，整个叶组织呈紧密状态。随着成熟度的增加，细胞逐渐纵向拉长，横向拉开，气孔张开，整个叶组织呈现出疏松多孔的结构。从而使烟叶的弹性、填充性、出丝率、工艺加香性、保香保润性、燃烧性，都得到明显的改善。

（2）身份：通常在烟叶生长发育定型之后，随着成熟度的增加，其身份渐趋变薄的变化，是指同一片烟叶而言的。假若用不同的烟叶作比较，并认为较薄的成熟度高，较厚的成熟度低，那就错了。

（3）油分：烟叶从不熟到熟，油分呈逐渐上升趋势。但从成熟→完熟→过熟，其油分呈下降趋势。

（4）色泽：成熟越差的烟叶，含青度越高，色泽度也随含青度的增加而减弱，从不成熟到成熟，随成熟度增高而色泽呈加深趋势，越接近工艺成熟的烟叶，越容易形成漂亮的橘黄色。而成熟度不够的烟叶，则容易形成柠檬黄色，以及淡黄色。

（5）损伤：成熟度越高，意味烟叶在田间历时越长，它受外界侵扰的机会就越多，其损伤呈上升趋势，但这种损伤与其内在的质量提高相比，是微不足道的。许多外商把正常的病虫危害（如赤星病）、老年斑看成是成熟和优良的外观特征。国内也正在逐渐改变“黄、鲜、净”的传统质量观念。

（6）成熟度与烟叶化学成分：从不成熟到成熟，有利于烟叶化学平衡的生理生化反应更多更充分地进行，从而使烟叶的内在化学成分更丰富、更协调，氮、蛋白质和糖类含量渐趋减少。与香吃味有关的烟碱、类胡萝卜素、树脂等逐渐增加(类胡萝卜素的绝对值减少，但相对比例却迅速增加；烟碱含量在营养发育不良的烟叶中呈下降趋势，发育良好的呈上升趋势)。成熟好的橘黄烟叶可接近 10：1 的最佳糖碱比和接近 1：1 的最佳碱氮比。表 8-7 是不同成熟度烟叶化学成分比较。

表 8-7 不同成熟度烟叶烤后化学成分

部位	成熟度	总氮(%)	烟碱(%)	还原糖(%)	蛋白质(%)	钾(%)	氯(%)	总氮/烟碱	钾/氯
上部叶	未熟	1.84	1.92		9.43	0.93	0.23	0.96	4.04
	欠熟	2.07	2.33	14.67	10.05	1.18	0.27	0.86	4.37
	尚熟	2.38	2.47	10.58	12.21	1.22	0.35	0.96	3.49
	成熟	2.11	2.39	20.13	10.61	0.95	0.33	0.88	2.88
	过熟	2.05	2.22	21.72	10.41	0.91	0.41	0.92	2.07
中部叶	未熟	1.75	1.70	20.27	9.10	0.93	0.29	1.03	3.21
	欠熟	1.88	2.11	17.73	9.47	1.09	0.35	0.89	3.11
	尚熟	1.98	2.39	18.27	9.79	1.16	0.37	0.83	3.14
	成熟	1.99	2.40	20.07	9.85	1.01	0.34	0.81	2.97
	过熟	1.81	1.86	19.80	9.30	0.81	0.30	0.97	2.70
下部叶	未熟	1.61	1.56	21.87	9.38	1.19	0.42	1.03	2.83
	欠熟	1.77	1.71	18.25	9.22	1.28	0.66	1.04	1.94
	尚熟	1.86	2.01	21.81	9.45	1.32	0.55	0.93	2.40
	成熟	1.63	1.78	21.66	8.27	1.21	0.45	0.92	2.69
	过熟	1.56	1.56	23.46	8.01	1.18	0.50	1.00	2.36

二、成熟的外观特征 烟叶在成熟过程中，由于组织结构和化学成分的变化，必然导致外观形态特征的改变。生产上就

依照外观表现，判断烟叶的成熟与否，并确定适时采收达到工艺成熟的烟叶。

（一）烟叶成熟的一般特征：田间工艺成熟的烟叶，一般有如下几个主要特征：

1. 叶脉：叶脉由绿色变为不同程度的白色。烤烟烟叶在生长发育状态时，主脉、支脉都是绿色的，达到工艺成熟时，转变为不同程度的白色，并且发亮。下部烟叶成熟时主脉 2/3 变白至全白，中部叶成熟时主脉全白，支脉开始变白，上部叶成熟时主脉全白，支脉 1/2 以上变白。在烟叶主脉变白的同时，叶基部产生离层，采摘时硬脆，易折断，采收后的断面呈整齐的马蹄形。

2. 叶色：叶色由绿色变为黄绿色。营养和生长发育正常的烟叶，达到工艺成熟时，叶面的绿色逐渐消退，黄色程度增加，称为“落黄”。下部烟叶落黄成熟时，主要是叶尖部和叶边缘呈现黄色，整个叶面的绿色开始转变为黄绿色。中上部叶或比较厚的叶片，叶面常呈皱缩波纹状。成熟叶叶面颜色绿色消退明显，以黄绿色至黄色为主体色，表现很鲜明，叶面上有黄色至黄白色成熟斑块，同时叶面变为微黄至淡黄，叶尖部和叶边缘呈黄白色。

3. 叶面茸毛部分脱落：烟叶叶面上的腺毛具有分泌油脂、蜡质、树脂的作用，当烟叶生理成熟之后进入衰老阶段时，部分腺毛开始脱落。此时，烟叶表面烟油增多，有光滑或似有胶质薄膜覆盖，手摸烟叶有明显的粘手感，采收时手上常粘着一层不易洗掉的黑色油状物。

4. 叶尖与叶缘下垂：叶尖部和叶边缘下垂，叶面与茎秆角度增大。

（二）烟叶成熟的影响因素：由于内在遗传因素和外部环

境条件的差别，形成了各种形态的烟叶，其内在品质和外观形态各具特色，成熟时的外观特征也存在着明显的差异。

1. 品种不同表现不同：不同品种的烟叶，在成熟时外观特征不同。如 N_{C89} 等叶色较深，叶肉较厚，成熟较慢，适熟期较长（即耐成熟），应等其充分显现成熟特征时才算成熟。K_{326}、G_{140} 品种比 N_{C89} 叶色稍浅，稍薄，成熟稍快，只要明显呈现成熟特征就算成熟。而叶色淡、身份薄的多叶型品种，不耐成熟，只要显示某些成熟特征，即已成熟。

2. 营养条件不同表现不同：上部烟叶明显较小，株形呈塔状时，即表示营养不良，发育不全，这种烟叶，往往难以达到真正的成熟，因而不可苛求所有成熟特征都能典型地呈现出来，只要具备某些成熟征兆，即已成熟。营养充足发育良好的烟株，株形一般为筒状，或上部叶片稍小于中下部叶片，这种烟叶必须等其表现出典型且充分成熟的特征时，才算达到成熟。脱肥烟叶会出现"黄化"，氮肥偏多的烟田叶片会出现"贪青"。这些现象，都将影响烟叶成熟时的特征。

3. 气候条件不同表现不同：雨涝天气叶面烟油较少，有时烟叶还会"返青"、"水烘"。干旱天气叶面烟油较多，茎叶角度也会因缺水凋萎而表现出茎叶角度增大，甚至出现"旱黄烟"、"旱烘烟"。

4. 土壤条件不同表现不同：粘重土壤上生长的烟叶，往往成熟慢，也较耐成熟。砂质土壤生长的烟叶，常常成熟较快，较不耐成熟。

5. 打顶及留叶不同表现不同：不打顶，不抹杈，放顶开花的烟叶，往往难以真正成熟，尤其是下部叶，常常表现为假熟；打顶过重，留叶过少的烟叶，往往表现为成熟迟缓，只有打顶适中，及时抹杈的烟叶，才能正常成熟。

6. 密度不同表现不同：密度过大时，通风不良，光照不足，使地下水肥营养与地面以上的“空间营养”严重失调，易造成烟叶假熟，甚至不熟即烘坏。只有地下营养与地上营养协调的烟叶，才能表现出正常的成熟特征。

7. 其他条件：如病虫害、海拔高度和自然生态条件差异、药剂影响等诸多因素，都会对烟叶的成熟产生一定的影响。

三、采收 根据烟叶长势长相正确判断烟叶成熟程度，掌握适时采收是十分必要的。通常烟苗移栽后60天左右，脚叶开始成熟和衰老，且随品种、部位、气候和栽培技术措施的不同而异。自第一次采收至采收完毕所需的时间，一般为50～70天。人工采收情况下，每株每次采收1～3片叶，分5～10次采完。

（一）准确把握烟叶成熟标准，适时采收

1. 土壤状况和施肥影响：烟叶的成熟和采收，一般情况下，土质粘重、土壤肥沃或施氮肥较多时，形成的叶片往往大而肥厚，叶面粗糙，成熟迟缓，叶内水分含量较少或较多，蛋白质含量较高，深绿色不易褪去，成熟时颜色变化常不明显，往往仍呈绿色，在这种情况下，如果氮、磷、钾肥施用量不合理，易形成“黑暴烟”，故宜迟收。在栽培密度大的情况下，下部叶又往往通风透光很差，形成嫩黄烟，未成熟即被烘坏，称为“底烘”，其下部叶当叶色稍有转黄就应采收，以利于通风透光，减少大田湿度，使中部叶、上部叶能健康地生长。若土壤肥力较差，土壤质地轻，保肥能力欠缺或施肥量少，种植密度过大，烟叶营养不良，发育不全，烟叶大田表现为叶色很淡，未老先衰，成熟反应快，应及时采收。

在大田施肥比例合理的情况下，烟叶成熟的时间因氮素多少而不同。表8-8是亩施3千克纯氮，氮∶磷∶钾为1∶2.5

：4.5 和亩施 4.5 千克纯氮，氮：磷：钾为 1：1.5：3 的条件下，烟叶达到各成熟度的叶龄。

表 8-8 N_{C89}烟叶不同施肥水平下成熟的叶龄

亩施氮素量	部位	未熟	欠熟	尚熟	成熟	过熟
3.5 千克	上	66	75	79	82	86
	中	52	66	73	75	78
	下	50	55	58	61	65
4.5 千克	上	76	81	83	90	94
	中	57	69	78	85	87
	下	54	56	59	65	68

注：叶龄指幼叶出现至该成熟度的天数

从表 8-8 中很容易看出，施氮量多少明显影响烟叶成熟的时间，不论哪个成熟度档次，都表现为施肥量越高，成熟越缓慢，相应地达到该成熟档次需要的时间就越长。所以，采收时间早或晚，施肥水平是主要的因素。这就要求烟叶采收必须看天、看地、看烟株的长势、长相。

2. 不同部位的烟叶采收：烟叶在烟株上着生部位不同，即烟叶生长发育的生态因子及时间空间的不同，必然影响叶片内含物质的不同。施肥合理、生长发育正常的烟田，在烟株圆顶后 10 天左右，叶片自下而上开始成熟，表现分层落黄很明显，这时已表示下部烟叶进入成熟采收期，开始进行第一次采收。以后每隔 10 天左右进行第二次、第三次采收。对于下部叶片，要放宽成熟标准，早采收有利于通风透光，改善田间小气候。中部叶片要严格按成熟标准采收，上部 3～5 片叶，要在充分成熟(即完熟)时采收。

3. 不同品种采收的成熟标准：目前，我国普遍推广种植的 N_{C89}、N_{C82}、K_{326}、G_{140}、G_{80}、红花大金元等少叶型优良品种，采收时必须按照各品种自身的成熟特点，恰当判断，适时采收。

(1)N_{C89}、N_{C82}:下部叶片主脉变白 2/3,叶色绿黄,叶尖下垂,茸毛脱落,中部叶片主脉全白发亮,叶色黄绿色,叶尖叶边下垂,茸毛脱落,上部叶片主脉和部分支脉变白,叶面有黄色斑块,叶尖下垂。

(2)G_{140}、G_{80}、K_{326}、G_{28}:下部叶片主脉发白 2/3,叶片黄绿,叶尖下垂,茸毛脱落,中部叶片主脉苍白发亮,叶尖叶边下垂,茸毛脱落;上部叶片主脉、支脉、叶尖全白,叶面起黄泡,叶尖下垂。

(3)红花大金元、长脖黄:下部叶片主脉变白 2/3,叶片绿黄,茸毛脱落;中部叶片主脉全白发亮,叶色黄绿,茸毛脱落,叶尖叶边下垂;上部叶主脉、支脉全白,叶面起黄泡,叶片下垂。

(二)烟叶采收的原则

1. 看烟叶采收:所谓看烟叶采收,其含意是在烟叶成熟度最适宜、最适合烘烤加工,烤后烟叶质量最好,效益最高时采收,此时烟叶的成熟度,被称为适宜的成熟度,简称为适熟。

(1)看烟叶农艺性状适熟采收:采收是对田间活鲜烟叶的选择性摘取。选择时既要考虑烟叶的成熟程度,又要考虑烟叶的烘烤特性,更要考虑烘烤时可能出现的情况和烤后的结果。所谓农艺性状,即烟叶通过田间农艺措施所获得的自身的特性,它包括烟叶的内在化学成分、外观形态特征、烘烤特性、潜在价值等。由于农艺性状的差异,形成了不同类别的烟叶,它们在达到适熟时既有共同之处,也有不同之处,出现了各具特色的适熟表现。少叶型品种,单株叶较少,单叶光照、通风、营养供应等条件相对较好,往往应充分显示成熟特征 ,达到成熟至完熟档次才算适熟。多叶型品种,单株叶数多,单叶光照、通风、营养条件相对较差，常常只要基本显示成熟特征，达尚熟至成熟档次就算成熟。单就少叶型品种而论，若用 N_{C89}与 G_{140}相比，通常对 N_{C89}应掌握更高的成熟度。长脖黄品种的叶片往往较厚，其上部叶容易挂灰，过熟时更甚，故采收上部叶时，切莫过熟。红花大金元品种的烟叶，变黄往往较慢，在采收成熟度不够时更明显，所以应充分成熟时才宜采收。

下部叶处于通风、光照、营养等条件都较差的情况下，往往表现为叶片薄、结构松、含水多、内含物欠充实，成熟速度快，成熟后转为过熟亦快。故一般情况下其成熟度达欠熟至尚熟档次即算适熟，常需适时早收。而通风、光照、营养条件较好的中部叶片，成熟度达到成熟档次时，才能称为适熟，应适时采收。上部叶片处在光照充分，通风良好，营养充足等优越条件下，往往表现为叶片厚、结构密、含水少、内含物充实，成熟速度慢，成熟转为过熟亦慢。故一般情况下应等其叶面起皱，黄斑增多，主脉与支脉变白发亮，呈现出典型的成熟特征时采收，即达到成熟至完熟档次时才算适熟，应当充分成熟再采收。农谚说："底叶采嫩不采老，顶叶采老不采嫩，中部烟叶采适熟"、"下部叶见熟就收，中部叶适熟稳收，上部叶充分成熟才收"是有道理的。

值得注意的是，烟叶成熟的部位差异与品种、打顶、留叶数等因素密切相关。少叶型品种(尤其是打顶重，留叶少时)各部位烟叶的差异相对较小。如丘陵薄地种植的红花大金元品种，在留叶 15 片以下时，其部位差异明显减小。而多叶型品种(尤其是不打顶或留叶过多时)各部位间的差异较大，甚至往往引起下部叶假熟。所以，在观察烟叶部位与成熟采收时，应全面考虑，综合分析。

营养充足、发育完全的烟叶，叶大片厚，内含物充实且协调，往往成熟较迟缓，成熟后转为过熟也较缓慢，适熟期长，比较“等炕”耐成熟。应掌握成熟度达到成熟至完熟档次才算适熟，绝不可采收成熟度不够的烟叶。此类烟叶成熟的外观特征，一是叶面完全落黄（包括叶基和叶耳），叶面皱，上部叶出现许多黄色斑块。二是主脉、支脉完全变白发亮，采摘时有清脆的响声，断面整齐。三是茸毛大量脱落，烟油明显增多，采收时粘手（手上一层黑色粘稠物）。四是叶面出现成熟斑，叶尖叶缘局部呈现枯焦状，甚至出现赤星病病斑。

营养不良，发育不全的烟叶，叶小片薄，内含物不充实、不协调，往往成熟较快，成熟后转为过熟也快，适熟期较短，不“等炕”，不耐成熟，只要达到欠熟至尚熟档次，即算适熟。脱肥的烟叶尽管失绿变黄，但并非真熟。嫩黑暴烟只需稍退绿，即可称为适熟采收。

生长在丘岗和粘重土壤上的烟叶，往往含干物质较多，含水分较少，成熟较迟缓，应在一次采收后，间隔较长时间再进行下一次采收，以确保烟叶真正成熟。生长在平原和轻质土壤上的烟叶，往往含水分多一些，成熟也快些，应注意既不可采收过早（以防偏生），也不可采收过迟（以防过熟）。

(2)看烟叶成熟多少定量采收：采收应根据田间烟叶成熟数量，事先落实所需烤房，制定采收计划，做到定量采收。防止装炕时出现烟叶过多装不下，或者烟叶过少装不满等现象。

当田间成熟数量超过烘烤加工能力时，应优先照顾品质优良的适熟叶，确保其及时采收烘烤。坚决纠正每次都烤过熟病残叶，导致“恶性循环”的不正常现象。对失去烘烤价值（烤后价值不够成本费或难以出售）的“废品烟”，应果断舍弃，不必装炕，把“废品”消除在炕房之外；当烟叶成熟数量不够装炕之需时，应多方筹措成熟烟，及时采收，以防过熟。

2. 看天气采收

(1)看天气掌握烟叶成熟度:天气状况会对烟叶成熟产生明显影响。如:降雨(或灌水)有时会导致成熟烟叶重新返青发嫩,宜等天晴后烟叶再次呈现成熟特征时再采收。而干旱则会导致已成熟烟叶因缺少水分而失绿转黄,这时不可盲目采收,应尽量恢复其水分供应,促使其生长发育至真正成熟时再采收。

(2)看天气估计采收数量:天气变化明显地影响烤房的烘烤能力,故在确定数量时必须结合天气形势。比如,阴雨天外界气温低而湿度大,烤房能力相应下降,而干旱晴朗天气湿度小,气温高,烘烤能力相应上升,故涝天适当少采,旱天适当多采。

(3)看天气确定采收时机:适熟叶遇短时降雨,宜在雨后抢采收以防返青。旱天烟叶含水少,变黄困难,一般情况下,宜掌握较高的成熟度,以防烤青。涝天烟叶含水多,往往排湿定色困难,应注意防止烟草过熟,以防烤黑。旱天宜采"露水烟",以增加炕内湿度促进烟叶变黄。涝天宜在下午采收,以便降低烟叶含水量。正常情况下烟叶宜在早晨露水消失后采收(上午8~10时),此时叶子成熟度较易辨认,而且要当天编竿当天装炕。

总之,天气变化不仅影响烤房的升温排湿能力,而且影响烟叶的成熟和品质,在采收时应引起充分注意。

3. 看烤房采收

(1)看烤房烘烤能力确定采收数量:采收的熟叶数量,必须与烤房的实际烘烤能力相符合,这样才能为合理装炕和科学烘烤创造条件。为此,在制定采收计划时,必须准确掌握烤房的实际烘烤能力。

(2)看烤房烘烤进程决定采收时机：为确保烟叶采收后能及时装炕，应了解烤房当时的烘烤过程，计算能够装烟的时间，并依此确定采收时间。

(三)采收方法：目前，我国基本上是手工逐片采收，在手工采收的情况下，应做到以下几点才能保证采收的烟叶成熟度整齐一致，提高烤烟质量。

1. 统一采收标准：参加采收的每个成员，若掌握的采收标准不尽统一，常常造成烟叶成熟度参差不齐，使烘烤操作因烟叶变化不一致而难以处理。为此，首先要统一采收人员的采收标准，达到"适熟眼光"基本一致，然后再开始大量采收。当烟叶成熟度识别不清时，可提前采收少量烟叶挂牌标记装炕烘烤，根据烘烤实际情况，确定与当地条件相适应的适熟标准。

2. 分类采收：采收前，应事先根据烟叶在田间生长情况，大致划分为烘烤特性相近似的若干个类型，比如，营养充足叶、营养尚足叶、脱肥叶、未熟叶、适熟叶、过熟叶、病残叶等。然后依采收人员的素质分配采摘某类型烟叶，做到专人负责，分类采收，将所采烟叶在田间划分为若干个类型，便于分类编竿、配炕和装炕。

3. 操作方法：采收时大拇指紧托主脉下方，以中指食指压在主脉上方，捏紧后向侧下方用力一掰，即可将叶子摘下。采摘时应做到不采生、不丢熟、不漏棵、不隔行、不沾土、不曝晒、不挤压、不损伤，确保所采鲜烟质量完好如初。

四、编竿和装炕

(一)编竿：又称"编烟"、"上竿"、"编绳"等。即按照一定要求把烟叶编束在烟竿、烟绳、烟夹等编烟工具上。这是当前烟叶烘烤中最费工时的环节。

1. 编竿方法：方法多种多样，河南、山东等省常用的上竿方法主要有两种，一为死扣编烟法，一为活扣编烟法，也有用针穿的。

2. 编烟的要求：

(1)分类编烟，同竿同质：编烟前应将鲜烟准确分类。把不同营养水平，不同成熟程度，正常烟、不正常烟、病残烟等各种烘烤特性不同的鲜烟，分开堆放，编烟时分别上竿，确保同竿上的烟叶烘烤特性相一致，这样才能在烘烤时烟叶变化一致，烤后质量一致。既便于装烟时分类上炕，又便于将来分级出售。

(2)数量适当，防止过稠：以 1.5 米长烟竿为准，通常编烟 50～60 把(100～120 片)，每竿烟的重量 6～7 千克。叶子小，天气旱时可适当编稠些，可绑 60～80 把(120～160 片)。叶子大，天气阴雨时可适当编稀些，绑 40～50 把(80～100 片)。烟竿两头各空出 0.1 米，以便装炕时挂在桁条或炕墙挂烟槽中。

(3)精心操作，减少损伤：编烟是费工费时的工作，既烦琐又重要，必须精心操作。农谚说："烟叶一枝花，一碰一个疤。"整个采收、上竿、运输、装烟等操作都应轻拿轻放，不沾土，不碰伤，不曝晒。所以上竿时地面要铺席子，竿头要架凳子，防止烟叶沾土。在编烟时两片烟叶要背相对，叶基齐，编绑结实，防止脱落。烟把间距离均匀，防止稀稠不一。

(二)选烟配炕：在规划田间生产时，应以烤房烘烤能力为准，确定相同土质的若干烟田互相配炕。而且烟田应种植相同品种，同时播种育苗，同时移栽，共同管理，同时采收，确保鲜烟一致。如不得已而需要临时配炕时，应以品种、营养发育状况、部位和土壤为主，选择整体质量尽可能相近似的烟叶。

1. 高度(棚次)搭配：炕内的垂直高度存在着一定的温、

湿度差异。以6棚烤房为例，3棚以上的温、湿度与3棚相近，垂直高度上的湿度差异，往往是底棚湿度最低，越往上湿度越高。所以，在装烟时应注意各棚次的烟叶搭配。一般宜将变黄较慢，而易烘青，需延长变黄时间的鲜烟装在顶棚，以促进其变黄。将变黄较快，而易烤黑，需适当提早干燥的烟叶装在底棚，以加速其脱水干燥。正常的烟叶宜装在中间，使各类烟叶均得到适宜的条件，都能烤好。

2. 平面搭配：同一棚烟叶的温、湿度并不完全均匀一致，底棚受火龙布局和地洞进风影响较大。中间各棚既受顶、底棚的影响，也受同层烟叶装炕均匀程度的制约，所以平面温湿度差异状况是相当复杂的。其中较为有规律且对全炕影响最大的是底棚，因为底棚是热空气穿过的第一层，直接关系着热气流流动的方向和流量的分配。单就底棚而论，通常炉膛和分火岔附近为高温区，小龙拐角处的两角温度次之，而炉膛两边的两角温度较低(指五条翻下扎龙)。为此，可将需要较快干燥的烟叶装在高温区，而将需要较长时间变黄的烟叶，装在低温区。高温区装烟应适当稠些，低温区装烟应适当稀些。运用装烟稀稠措施调节炕内空气流通，从而减小炕内温差。

(三)烟叶装炕：烟叶装炕即把编好的烟叶装进烤房，俗称“装炉”、“装炕”、“挂炉”等。装烟好坏直接影响炕内空气流通，密切关系着各个叶片周围的湿、热状况，从而对烘烤质量产生着重要的影响。

1. 装炕数量：烤房的装烟数量应随外界大气的温湿度和烟叶状况的不同而有较大的变化。叶片小，含水量少，天气干旱时，装烟数量应增加；若叶片大，含水量高，天气阴雨，装烟数量宜减少。一般情况下，装烟数量多少可上下浮动20%左右。如200竿的烤房通常可装184～208竿，装烟多时可达

244 竿左右,装烟少时,可装 148 竿左右。

2. 装烟密度:根据气流上升式烤房的气流移动规律,热源处于烤房的最底部,为了使气流能够顺畅上升,缩小烤房上下层间的温度差,有利于排湿,不同棚次装烟密度应有所不同,即下层装烟要稀,上层装烟要密,棚内要均匀。以顶棚密度为准,每降一棚,竿距可扩大 1 厘米。

200 竿的烤房各棚次装烟密度如表 8-9。

表 8-9 200 竿烤房装烟密度表

棚	次	稠	较稠	稍稠	适中	稍稀	较稀	稀
六棚	竿距	12	13	14	15	16	17	18
	竿数	16×2	15×2	14×2	13×2	12×2	11×2	10×2
五棚	竿距	13	14	15	16	17	18	19
	竿数	22×2	21×2	20×2	19×2	18×2	17×2	16×2
四棚	竿距	14	15	16	17	18	19	20
	竿数	21×2	20×2	19×2	18×2	17×2	16×2	15×2
三棚	竿距	15	16	17	18	19	20	21
	竿数	20×2	19×2	18×2	17×2	16×2	15×2	14×2
二棚	竿距	16	17	18	19	20	21	22
	竿数	19×2	18×2	17×2	16×2	15×2	14×2	13×2
底棚	竿距	17	18	19	20	21	22	23
	竿数	18×2	17×2	16×2	15×2	14×2	13×2	12×2
全炕	竿数	232	220	208	196	184	172	160

注:1. 竿距为相邻两烟竿的距离,单位为厘米

2. 一路桁条两路竿,故每路竿数乘以 2 即为该棚竿数

3. 竿长 1.5 米,烤干烟 0.75 千克

4. 底棚至五棚为大棚,长 3 米;六棚为小棚,长 1.9 米左右

在同一棚次内,装烟稀密一致与否,关系到这一棚乃至整个烤房内温湿度的均匀与否。装烟密的地方,上下气流不畅通,温度低;装烟稀的地方,容易形成上下气流流通,温度高,排湿快。

3. 分类装炕：由于烤房各棚次温湿度存在一定差异，同时各类不同的烟叶烘烤时也需要在温湿度方面有所不同，因此，依照烤房的温湿度变化规律和烟叶烘烤规律，含水量大的烟叶应装在烤房底棚，含水量少的装顶棚；成熟度高的装底棚，成熟度低的装顶棚，适熟叶装中间。通常有病虫危害的烟叶装底棚。

第二节　烟叶烘烤的概念和原理

一、烘烤的概念　所谓烘烤，是指将田间采收的具有一定潜在质量的新鲜烟叶，放置在烤房中，通过控制温度、湿度和通风条件，使烟叶脱水干燥，成为具有一定质量、风格和等级标准的商品的过程。显然，烘烤过程绝不是个简单的干制加工过程，而是包含有一系列独特而复杂的内部生理生化转化过程。烟叶生产的实践认为，烘烤是决定烟叶商品等级的最后环节。常说的"种植是基础，烘烤是关键"，就说明了烘烤在烟叶生产中的重要性。

(一)烘烤的作用

1. 把鲜烟调制为原烟：从田间采摘的鲜烟，尚不能成为实际的产品。只有通过烘烤把鲜烟调制成可以出售、贮存和卷制的原烟，才能获取实际的产品，得到相应的收益。

2. 显现和固定烟叶质量：鲜烟只有潜在质量，在没有烤干之前其内部物质总在变化，只有通过烘烤才能显现鲜烟的潜在质量并将其固定下来，使之呈现出明确而具体的质量性状。

3. 确定烟叶的产量：田间生产的鲜叶只有通过烘烤，才能把鲜烟潜在的产量变为现实的产量。

4. 增进烟叶质量：烘烤不是一般的干燥作业，是通过适宜的技术措施，对烟叶施加影响，在一定程度上弥补鲜烟质量的某些不足，增进和改善烟叶质量。相同的鲜烟，经过不同的烘烤调制，得到的原烟质量有很大差异。

总之，烘烤不仅最终确定着烟叶的产量，而且最终确定着烟叶的香气、吃味、色泽、风格等质量性状，而且最终确定着烤烟生产的效益，在烤烟生产中起着至关重要的作用。原烟产品的生产过程中，各工序环节都将影响它的最终质量。品种优质，是质量的前提和基础，优良的烤烟品种，配合与其相适宜的环境和气候条件，再加上最佳栽培管理技术措施，才能形成素质优良的鲜烟，即优质烟的潜势。然而，反映烟叶质量的外观商品等级的身份、组织、色泽、弹性等，以及内在化学成分的协调性，特别是香吃味等，只有经过烘烤方能显现出来。很明显，素质优良的鲜烟，必须配合相应的烘烤工艺，才能表现出最佳质量。相反，如果鲜烟素质优良，烘烤不当，势必造成烟叶最佳质量下降。所以，品种、土壤、气候和栽培技术措施同烘烤工艺，三者是相互联系的，对于田间已形成的鲜烟而言，烘烤仅是保产、保质的最后环节，它既不能提高鲜烟质量，也不能增加鲜烟的数量，更不能烤出超越鲜烟潜在价值的原烟。但是，正确的烘烤方法能反映出鲜烟应有的质量和可用性，决定烟叶的最佳质量和产量。

(二)烘烤质量的评价：只有好的鲜烟才能烤出好的原烟，所以，衡量和评价烘烤质量的好坏，绝不能单从烤出来的原烟优劣为依据，须对照鲜烟质量综合分析，才能得出正确结论。因为不同质量的鲜烟，其内在品质不同，烤烟品质理应不同。而且，品质优良的鲜烟往往比较好烤，品质低劣的鲜烟烘烤时难以处理，需要较高的技术才能不出差错。所以，只能以原烟质量与鲜烟质量的差距来评价烘烤质量。其差距越小，烘烤质量越高；差距越大，烘烤质量越差。原烟充分显现了鲜烟的优良品质，没有差距，烘烤质量最佳。事实上，最佳的烘烤质量是不容易达到的，常常是原烟质量低于鲜烟应达到的等级。所有烘烤措施追求的目标，都是为了缩小甚至取消这种质量差距，烤出符合鲜烟质量的原烟。

（三）烘烤的实质

所谓烘烤，实质就是通过人为地控制温、湿度来干预和控制烟叶内部物质的变化。当变化朝着有益于要求的方向进行时，提高酶的活性，促进其变化；当变化已达到人们的要求时，终止酶的活性，停止其变化，把烟叶已获得的优良品质固定下来，防止其变坏，最后烤出理想的原烟。

1. 从生物化学的角度看：烟叶烘烤是烟草叶片的饥饿代谢和渐趋死亡的过程。因为鲜烟摘离植株后，断绝了水分和养分的供应，其生命活动在水分不断减少的情况下靠消耗自身的营养物质来维持。通过饥饿状态的生理和生物化学变化，其内含物发生了一系列复杂的变化，生命活动渐趋停止，物质组成得以固定。所以烟叶在内含物质、外观形态以及细微结构上都发生了显著的变化。这些变化，正是鲜烟赖以显现其理想色泽和优美香味的必由之路。然而，如果这些变化不能正常进行，其至失去控制，也将导致烟叶品质变劣，重量减轻，造成严重的损失。

这些变化十分复杂，它们都是尚具生命活动的叶片中进行的酶促反应，都要受叶片内含物数量和成分等内在因素（其中尤以含水量为主）的制约，都可以通过温度、湿度和通风等外在条件加以有效的控制，这正是各种烘烤措施赖以实施的根据。

2. 从物理学角度看：烟叶进入烤房后，在热空气的作用下，一边逐渐受热干燥，一边逐渐完成其一系列复杂的生物变化，最终显现出其特有的色、香、味、形并被烘干，从而由鲜烟变化为原烟。

在此过程中，主要是控制温、湿度条件，借以恰到好处地协调烟叶的内部变化，促使其品质得以增进和改善，并在品质最符合要求时将其烘干，防止其品质变坏。

二、烘烤的基本原理

（一）烟叶在烘烤中代谢活动的特点：烟叶自大田采摘脱离母体后，其生命活动仍在继续进行着，即使烘烤时，叶组织细胞也还要维持生命活动。但是，这段时间的生命活动同烟叶在植株上的生命活动差别很大。我们知道，烟株上的叶片（绿色叶片）的生命活动是在有土壤养分、水分供应的情况下，有光合作用制造的有机物质的保证下进行的。采摘后的叶片已经断绝了养分和水分的来源和供给，同时呼吸消耗加强，生命只能完全依靠它自身贮藏的有机物质来维持，这种代谢活动称为饥饿代谢。随着烘烤时间的加长，饥饿代谢程度必然加深，全部生命活动逐渐减弱，直至最后完全停止。

烘烤过程中烟叶的呼吸作用，通常经历 6 个阶段。

第一阶段，刚刚采收的新鲜叶片，呼吸作用同它在植株上正常的呼吸作用基本相似，呼吸消耗的物质主要是碳水化合物，这个阶段二氧化碳的释放量比较高。

第二阶段，呼吸作用逐渐减弱，二氧化碳释放量逐渐减少，呼吸作用的消耗物质仍然以碳水化合物（简单糖类）为主。

第三阶段，呼吸作用呈增强的趋势，二氧化碳释放量增加。通常情况下，此阶段由于烟叶出汗、发软乃至塌架，叶内水分亏缺，蛋白质、叶绿素开始分解。若叶片失水少，不发软塌架，蛋白质和叶绿素分解少，将继续依赖分解消耗淀粉的糖维持生命活动，势必导致糖分消耗过多，最终烤坏烟叶。

第四阶段，以蛋白质为呼吸的主要消耗物质。由于叶绿体中蛋白质的大量分解，蛋白质叶绿素复合体解体，叶绿素分解，黄色素、胡萝卜素、类胡萝卜素相应地逐渐占优势，叶片很快由绿变黄。

第五阶段，叶片完全变黄后，水分的散失和内含物质的消耗使呼吸作用逐渐减弱，叶组织细胞已接近死亡。

第六阶段，细胞原生质体结构破坏，细胞死亡，细胞膜的透性破坏，氧气可以自由进出叶组织，细胞内含物质可以外渗到细胞以外的空隙中。此阶段若烟叶水分大，细胞组织内多酚氧化酶活性将大幅度提高，它和多酚类物质作用产生深色物质，使烟叶变深变黑，这表示叶内养分消耗过多，烟叶品质低劣。

（二）烟叶的干燥和颜色的变化：烟叶在烘烤中外观形态发生两个十分明显的变化。一是烟叶颜色由黄绿色变黄色，如果控制失误，还可能继续发展变为褐色、深棕褐色。二是烟叶由含水分 80～90％的膨胀状态变为凋萎、干枯直到干焦（烟叶含水分 5～6％、主脉含水分 7～8％）。烟叶的这两个变化，反映了烟叶内在化学组成的变化过程：一方面是有机物质的转化、分解和某些缩合的生化变化，这是酶促过程，另一方面是烟叶水分蒸发和散失的物理过程。图 8-3 表示烘烤中烟叶颜色变化的过程和发展条件。

烟叶水分蒸发的干燥过程，除了需要一定的叶组织温度和环境温度外，还需要逐渐降低的环境相对湿度，才能引起烟叶状态的变化，如图 8-4。

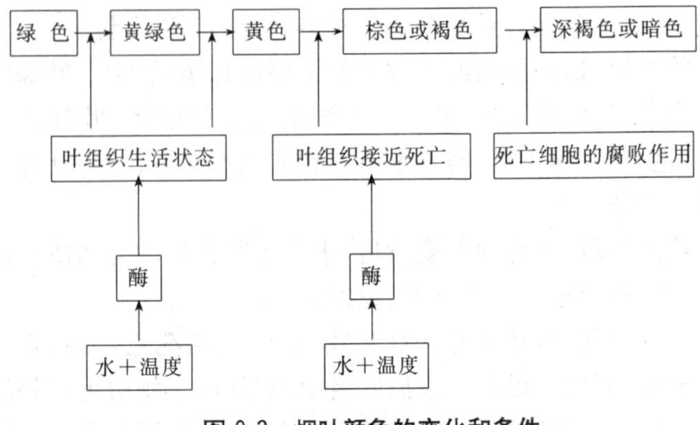

图 8-3　烟叶颜色的变化和条件

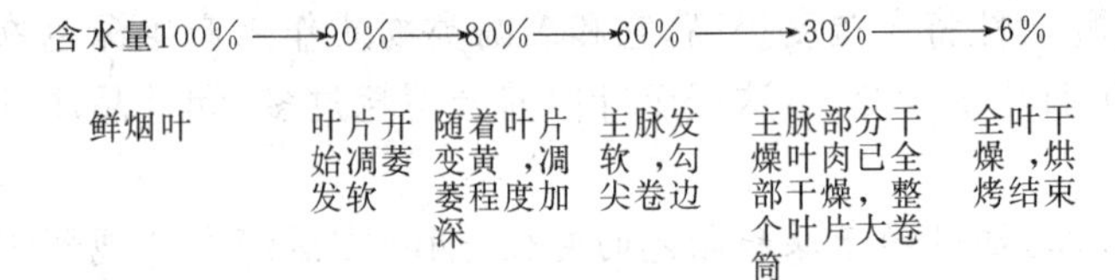

图 8-4　烟叶脱水引起的状态变化

烟叶在烘烤过程中酶促和干燥两个过程是密切相连，相辅相成的，其中有些时间内是偶联着的。前期，当酶促作用剧烈进行时，水分也在蒸发，烟叶的脱水给酶促作用创造了适宜的条件，到了后期，环境温度升高，相对湿度降低，烟叶水分排出减少，又有及时限制叶内酶活性的作用，使叶内生化变化逐渐减弱，直至终止，从而固定了烟叶颜色。图 8-5 是这两个过程关系的示意图。

很明显，烟叶烘烤的全过程中，存在着两个速度：一是酶活性变化速度，代表着烟叶组织内有机物质的转化程度；二是干燥速度，代表了烟叶水分的散失，同时也表明叶内的生化转化能否继续进行。烟叶烘烤的所有控制措施，就在于创造适宜

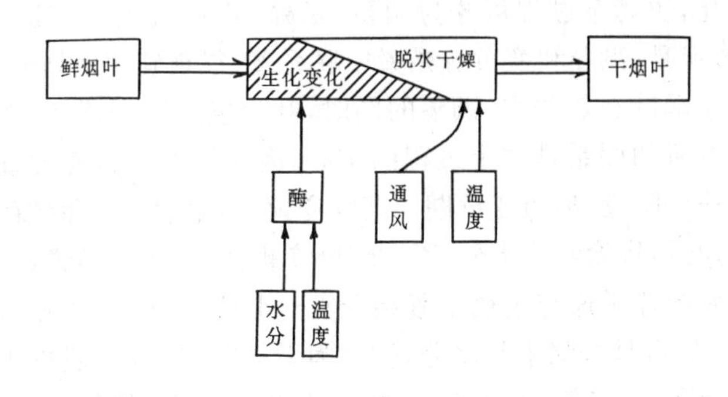

图 8-5 烟叶烘烤模式

的条件，合理调整两个变化速度，使之能相互配合，同步进行。在变黄过程中，要促进酶的活动，需要较低的温度和较高的相对湿度，但在初期必须使叶片本身丧失一定量的水分而凋萎。当对品质不利的淀粉大量分解转化为对吸食有利的糖，芳香类化合物产生和增加，蛋白质和叶绿素分解使叶片变黄达到一定程度以后，就应采取逐步提高温度和降低相对湿度的方法，迅速排除水分，加速叶片干燥，终止酶的活动，将烟叶的黄色固定下来。当叶片全部变黄后，把叶片烤干，并使烟叶特有的香吃味最大程度地保留下来。

总起来讲，烟叶烘烤前期，叶内存在有一定量的水分，是烟叶变黄这个生理生化变化所必需的条件，同时控制水分一定量的丧失，造成提高淀粉酶、蛋白酶活性的环境条件，促进绿色变黄色。在后期，促进失水，又是逐渐减弱多酚氧化酶的活性，控制颜色继续变化，使黄色固定的必要手段，所以，这就是烘烤过程中的有促有控，控促结合，恰当配合，才能增进和改善烟叶的品质，防止烟叶烤青或变黑。

(三)烟叶烘烤阶段的划分与条件：根据烟叶外观性状的

变化，烘烤全过程可分为凋萎、变黄、定色、干片、干筋5个阶段。但是，凋萎和变黄总是紧密联系着，很难确切地划分，原因在于烟叶遇热失水、凋萎的同时，叶片也逐渐变黄，二者内在的有机的联系是这个过程的核心，因此把凋萎和变黄就划分为一个阶段，称为变黄期。烟叶变黄后，化学成分和颜色的固定，必须排除叶片水分，否则烟叶变褐变坏。也就是说，排除水分使叶片干燥与定色紧紧结合在一起同时进行，合称为定色期。最后是排除主脉水分，称之为干筋期。因此一般烘烤过程分为变黄、定色、干筋3个时期。就我国烤烟烘烤的具体实践，为了根据烟叶的变化程度掌握温湿度，又将变黄期分为变黄前期、变黄中期、变黄后期；定色期又分为定色前期和定色后期。

1. 变黄期：变黄期是增进和改善烟叶品质的重要时期，从外观上和内部化学组成上都发生了巨大的变化，就其实质而言，可以归结为水分散失的物理变化和酶促作用的生物化学变化，而水分一定量的散失，使生物化学变化向着提高烟叶质量的方向发展，起着良好的作用。换句话说，变黄期烟叶必须失水凋萎，才有利于蛋白质的分解和叶绿素的降解，更有利于烟叶变黄后的色泽的固定。生化变化还必须有一定的组织温度和水分。大量的试验和实践证明，为促使烟叶由绿变黄，需要较低的温度和较高的相对湿度，以保持叶组织细胞中适量的水分，促进烟叶生命活动及变黄时生物化学变化完善地顺利进行。

由于烟叶失水和变黄是相辅相成的，所以烟叶所处的环境条件中，随着烟叶变黄程度的不断增加，温度必须逐渐提高，使升温速度与变黄程度恰当配合，相对湿度逐渐降低。

2. 定色期：烟叶的变黄达到一定程度后，烟叶组织中促进烟叶继续变化的酶类活动必须终止，才能使烟叶内生物化学变化停止(严格地说减缓到非常微弱的程度)，把已获得的化学组成及外观上的优良品质固定下来。为实现这一固定，需要较高的温度和较低的相对湿度，排除叶片中水分，使叶片逐渐干燥，直至最后完全干燥。

定色期的目的是使烟叶排除水分，终止变化，固定烟叶的内在组成和外观的颜色。由于鲜烟叶的60%水分要在定色期汽化排除，这就需要在较长的时间内，采取不断升高温度的办法，逐步降低烤房内环境的相对湿度。定色期的一个重要问题是升温速度与排湿干燥速度的同步平行进行。湿球温度以稳定在38～39℃最适宜。

3. 干筋期：这是排除烟叶主脉水分的时期。一般认为，烟叶主脉组织细胞结构坚实、体积大，细胞水分不易汽化排除，同时，卷烟工业上要求烤烟烟筋颜色深一些，所以干筋期就需要比定色期更高的而又不致烤坏烟叶降低烟叶内在质量的组织温度和环境温度。

(四)烟叶烘烤过程中的主要生化变化

1. 主要化学成分的变化：从烟株上采收的成熟叶片，在烘烤过程的前期生命活动是十分剧烈的，叶内的有机物质在规定条件的作用下，不断地进行着分解和转化。淀粉、糖类等碳水化合物变化是十分活跃的，再者是蛋白质的分解消耗、叶绿素的降解消失也十分明显，而水分的变化则贯穿于烘烤过程的始终。生物化学变化的结果见表8-10。

表 8-10 烘烤过程中烟叶主要化学成分变化 （干重%）

化学成分	鲜烟叶	变黄烟叶	调制后的原烟
淀粉	29.30	12.40	5.52
还原糖	6.68	15.92	16.47
左旋糖	2.87	7.06	7.06
蔗糖	1.73	5.22	7.30
粗纤维	7.28	7.16	7.34
总氮	1.08	1.04	1.05
蛋白质氮	0.65	0.56	0.51
烟碱	1.10	1.02	0.97
灰分	6.23	9.24	9.25
钙质	1.73	1.37	1.37
草酸	0.96	0.92	0.85
柠檬酸	0.40	0.37	0.38
苹果酸	8.62	9.85	8.73
树脂	7.05	6.53	6.61
果胶质酸	10.99	10.22	8.48
氢离子浓度(nmol/L)	2820	2290	2820
(pH值)	(5.55)	(5.64)	(5.55)

从表中可以看出淀粉的分解转化减少是显著的，主要发生在变黄期，由原来鲜烟叶含量29.3%，减少到12.4%，到烘烤结束时又减少到5.52%。由于淀粉的分解，糖含量大幅度增加。通常认为，烤后烟叶中淀粉含量为2～8%，并且认为超过5%对烟叶质量是不利的。目前对还原糖要求为16～18%。这就是说烘烤过程的前期，烟叶必须充分变黄，使淀粉的绝大多数转化为糖。其他化学成分的变化，都是伴随着这一变化发生的，并且也是向着有利于提高品质的方向发展的。如蛋白质在鲜烟叶中含量通常为12～20%，经过烘烤后部分分解，形成与烟叶质量呈正相关的氨基酸和其他有机酸，蛋白质的含量下降到8%左右。

2. 叶绿素的降解与黄色色素比例的增加：随着蛋白质结

构的破坏和分解，叶绿素蛋白质复合体解体，叶绿素开始降解并逐渐加强，黄色色素占色素总量的比例逐渐增加，烟叶外观上由绿色变为黄色。

在鲜烟叶中，可能含有0.5～4%的叶绿素，成熟时黄色素为叶绿素的1/5～1/3，开始烘烤40～50小时，叶绿素含量降低到鲜烟叶的15～20%，但在烘烤过程最初6～9个小时内，叶绿素降解比较缓慢，以后降解速度很快。

叶绿素降解的同时，黄色色素也有降解，但降解数量比叶绿素少，这样就使得叶组织内色素比例中黄色色素占明显优势，是烟叶变黄的实质。

（五）烘烤过程中烟叶变褐的实质：烘烤过程中，由于烘烤条件不当，技术操作失误，导致烟叶由黄色变为不同程度的褐色，这种现象称之为棕色化反应。

目前把烟叶在烘烤中发生棕色化反应的原因，归纳为以下几点：

第一，细胞结构的破坏。随着烘烤进程的发展，烟叶组织细胞不断地失水和消耗内含物质，由活体走向失去生命活动，细胞结构破坏，致使细胞内各种物质和酶类相互作用，产生深色物质。同时也有细胞液的外渗进入细胞间隙。

第二，由于细胞结构特别是半透明性膜结构的破坏，氧气自由进入叶组织，在烘烤环境温度45～50℃时，若烟叶内水分含量较高，环境相对湿度较大时，多酚氧化酶活性将会升高，多酚类物质在多酚氧化酶的作用下氧化生成醌，醌类物质大量积累，表现为褐色。

第三，烟叶在变黄过程中形成的小分子物质，在适当条件下相互反应，也表现为褐色。

第三节　烟叶烘烤工艺

一、烟叶烘烤特性　鲜烟质量的优劣直接影响和决定了烟叶的最终烘烤质量。不同质量和特点的鲜烟叶也规定了与其相适应的烘烤技术措施，所以我们把烟叶在农艺过程中形成的影响烟叶烘烤技术实施的鲜烟质量和特点，概括地称为烟叶烘烤特性。烟叶烘烤特性是确定和掌握烘烤工艺的根据。

影响烟叶质量和烘烤特性的因素，包括品种类型、土壤结构、肥力水平、气候、施肥、浇水、种植密度、烟叶着生部位、成熟度、叶片厚薄、叶脉粗细、含水量大小、叶组织致密程度及叶内干物质含量等等。总的说，叶片组织结构、叶内化学组成、外部形态表现，综合地影响着烟叶的烘烤特性。通常把在烘烤过程中对温度、湿度条件要求不很严格，易于变黄，色泽也易于固定的鲜烟，称为易烤；对温度条件要求严格，难于固定颜色的鲜烟，称为不易烤；有些烟叶尽管变黄速度很慢，但又不容易烤坏的，称为耐烤，反之称为不耐烤。

（一）依照烟叶水分含量判断烘烤特性：鲜干比反映了烟叶的水分含量，它指田间采收的新鲜烟叶与烤干后未经回潮的干重量之比。鲜干比值越大，叶内干物质含量越少，鲜干比值越小，叶内干物质含量越多。①生长正常的烟叶，特别是腰叶，鲜干比一般为 6～8：1，这种烟叶易烘烤，也耐烘烤。②天气长期干旱情况下形成的烟叶，或者是上部叶，通常含水量较少，鲜干比常在 6：1 以下，这种烟叶在烘烤中变黄速度慢，耐烘烤。烘烤中若变黄不充分，容易烤出青黄烟。③土壤肥力中等，田间种植密度较大，特别是中下部叶片，以及烘烤季节雨水偏多的情况下，烟叶水分较大，鲜干比 9～10：1，这类烟叶不耐烤。④含水量过大的烟叶，鲜干比常在 10：1 以上，或者甚至达13～14：1，鲜叶表现硬脆易碎，叶内干物质含量很少，即使在变黄过程中绝对失水量较大，但与变黄速度相比较，失水速度较慢，容易出现变黄而不凋萎的“硬变黄”现象，所以这类烟叶很不耐烤，往往难于固定颜色。

（二）不同营养和发育水平的烟叶的烘烤特性：烟叶的营养水平受栽培技术条件等多种因素影响，可以分为3大类型。

1. 营养水平较高，发育良好的烟叶：这类烟叶内含物质充足，耐烘烤，特别是采收成熟度较高时，耐烤性更突出，但若采收成熟度较差，烘烤效果欠佳。这类烟叶宜采用较低的变黄温度，使烟叶在较长时间内，进行完善而充分的生化变化，待烟叶充分变黄后，再进行颜色固定。

2. 营养水平较低（甚至营养不良）的烟叶：这类烟的叶片小而薄，叶内干物质含量少，不耐烤，需要采用较高的温度、较短的时间使烟叶变黄，并立即实现颜色固定。

3. 营养尚充足，发育水平尚好的烟叶：其烘烤特性也介于上述二者之间。

施肥比例不合理，特别是土壤中氮素含量高（氮肥施用量大）的烟叶，往往粗筋暴叶，叶内化学成分不协调。这种烟在烘烤中不易变黄，变黄后却很容易发生棕色化反应，甚至尚未正常变黄，就已开始变坏。

二、烟叶在烘烤中的变黄规律及不同类型烟叶的变黄标准　一般情况下，烟叶在烘烤中的变黄规律是，叶尖先变黄，继而叶缘变黄，再向叶中部、叶基部两侧发展，最后是叶脉变黄。但是由于烟叶烘烤特性的多样性，变黄规律也有差异。

（一）脚叶：脚叶内含物质少，组织疏松，易失水，变黄速度快，往往是全叶片变黄的先后顺序不明显，所以称为通身变黄。当它特有的浅绿色消退、黄色显现时，就应及时升温、排湿。

（二）正常成熟的中部叶：中部叶包括高位的下二棚叶、腰叶和上二棚叶，其生长条件良好，内含物充实，变黄遵循一般的变黄规律，当叶面基本全黄，仅有叶基部稍带有青色，主脉青白色，其余部分全呈黄色时，表示已达到变黄要求，可以进入定色期。

（三）顶叶：顶叶叶片较厚，组织致密，含水量少。变黄仍然从叶尖、叶缘开始，向叶中部、叶基部发展，但是这类烟叶正面变黄速度比背面快，叶肉内变黄更慢。所以转入定色期时必须要求变黄程度比中部叶高，并以背面变黄达到要求的程度为准。若过早转入定色期容易烘成青黄烟。

（四）徒长叶：徒长叶包括种植密度大的荫蔽叶和旺长、浇水过多形成的下部叶。由于通风透气差，叶片薄，干物质含量少，变黄速度快，往往叶基部遮荫部分先变黄，叶中部、叶尖变黄较迟。对于这类烟叶，观察其变黄程度应以尖部、中部的变黄程度为准，而且转入定色时，烟叶的变黄程度应当较低，一般 5～6 成黄，即可转火定色。

三、烟叶烘烤各时期的环境条件　按照烟叶烘烤过程划分的变黄期、定色期（或称干叶期）、干筋期 3 个阶段，各阶段的温湿度条件和所需大致时间如表 8-11。

表 8-11　烘烤各阶段温湿度条件和所需时间

阶　段	温度（℃）	相对湿度（%）	时间（小时）
变黄期	32～43	98～70	24～72
定色期	43～55	70～30	24～48
干筋期	55～70	30 以下	16～36

从表中可以看出，各期的温湿度范围及所需时间，相差幅

度都比较大。其原因就在于烟叶的烘烤特性差异大，而烘烤过程是个渐变过程，在这个过程中只有当生化变化进行比较充分的情况下，才能最终反映出各种类型烟叶应有的质量，特别是变黄期，它决定了烟叶内在化学成分转化程度，所以时间差异很大。正常情况下，烟叶变黄最快最适宜的温度为38～42℃，相对湿度75～85%，在这种条件下，烟叶变黄比较均匀，使烟叶完成变黄是重要的。定色期以温度55℃为好，使烟叶内的香气原始物质，缩合形成香气物质，同时排除叶片水分，终止各种酶类的活性，限制生化变化的继续进行，所以这个温度段也是十分重要的。在70℃以下的温度环境中干筋，能够保证烟叶有较足、较好的香吃味，但是将干筋期温度降低到60℃左右时，势必延长烘烤时间，会带来燃料消耗的增加。所以，目前生产条件下，通常控制在67～69℃将烟筋烤干。

四、传统烘烤工艺 传统烘烤工艺能在烘烤中依烟叶变化随时调节工艺条件，确保炕内温湿度状况与烟叶变化相适应。传统烘烤工艺将烘烤过程分为许多段，各段的温湿度条件及烟叶变化要求如图8-6。

从传统烘烤工艺简图可以看出，它是随着烟叶变黄程度的增加，逐渐提高烤房内的温度，降低相对湿度，促使烟叶脱水干燥。通俗地说：烟叶边变黄，边升温，边排湿，边干燥。

（一）传统烘烤工艺的操作过程和技术要点

1. 变黄前期

（1）目的要求：此期是烘烤操作的开始，首先应使叶片脱去少量水分而发软，提高水解酶类的活性，促使叶内物质朝着符合人们要求的方向变化。由于底棚处于高温低湿等不利于变黄的条件下，所以此期应注意照顾底棚，防止底青。

（2）温、湿度控制：干球起点温度以确保不烤青、二棚可以

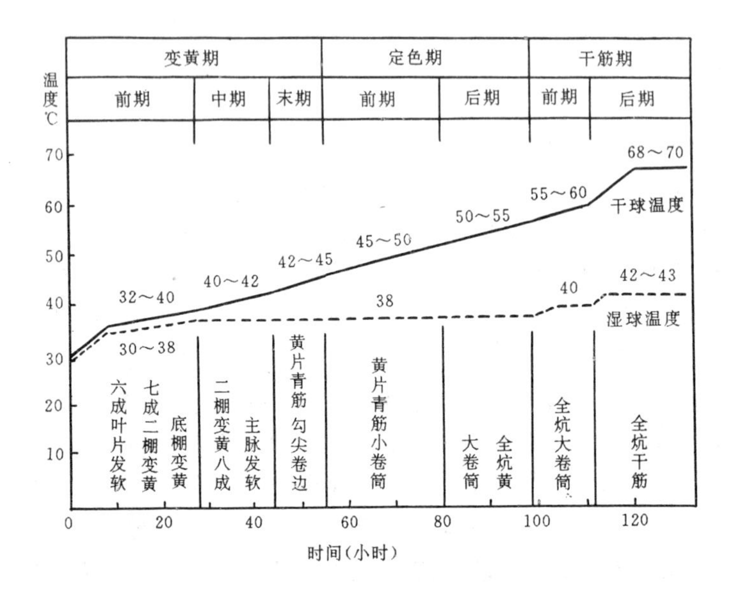

图 8-6 传统烘烤工艺简图

正常变软(防止硬变黄)为准。通常起点温度为 32～38℃,此期结束时上升到 40℃;湿球温度以保持干湿差初始 1℃,逐渐扩大到 2℃为准。

(3)烟叶变化:以二棚烟叶变化作为烘烤操作的标准,手摸烟叶有发软,微粘,温暖感,主脉尚硬易折断。此期结束时底棚变黄应达七成以上,而且主脉变软,充分塌架。二棚变黄六成左右,叶片(包括支脉)变软塌架。

(4)操作要点:升温可分 3 步进行,第一步是从炕温升至起点温度,可以每小时升温 1℃(不可升温过快,以防底棚青尖)。第二步是封火后的稳温,应在升温比起点温度低 2℃左右时封火,以防封火后温度继续上升而失控。在稳温阶段,烟叶变化应基本达到上述要求。第三步是升温到 40℃,应根据烟叶变化缓缓进行，并应在40℃认真检查烟叶变化，若烟叶变化达不到要求时，温度不能超过40℃，此期排湿操作以控制干湿差从1℃扩大到2℃左右为准，且以天窗排湿为主，当湿球偏高时开大天窗，偏低时关小天窗，一般情况下不宜过早地打开地洞。

(5)注意事项：

第一，确保底棚变黄，起点温度宜低不宜高，若装热炕可能导致底棚青尖时，应先打开天窗地洞降温，然后再关闭天窗地洞，点火升温。升温以小火慢升为宜。

第二，既要注意烟叶的变黄程度，又要注意烟叶的干燥程度。尽管此期重点是促使烟叶变黄，然而首先使烟叶少量失水变软是有益的，所以应保持1～2℃的干湿差，不应使干湿差过小或过大。当湿度过大时应及时打开天窗，这不仅可以排湿，而且可以引导热气流上升，有利于上面几棚烟叶的失水变软和变黄。当湿度过小时，则应及时补水增湿。

第三，当鲜烟品质优良时，起点温度宜偏低些，此期结束时的变黄程度宜偏高些，以延长低温变黄时间，增进烟叶的香吃味。当鲜烟品质欠佳时，则起点温度宜偏高些，变黄程度宜偏低些，不可过多考虑底棚，应以二棚及时变软为主，防止烟叶硬变黄导致定色困难。

2. 变黄中期

(1)目的要求：此期为主要变黄期，应创造适宜的条件，保证足够的时间，促使烟叶大量变黄，同时应使变黄程度与干燥程度互相协调。

(2)温、湿度控制：干球温度40～42℃，湿球温度稳定在38℃左右(上下波动不超出0.5℃)。

(3)烟叶的变化：手摸烟叶柔软、发热，主脉不易折断。此期结束时二棚变黄八成左右，底棚变黄九成左右，并勾尖卷边软卷筒。三棚以上变黄七成左右，塌架变软。

(4)操作要点：干球温度随烟叶变化而逐渐上升至42℃，每小时上升1℃，保持一段时间，等烟叶变化到适当程度后再以上升1℃的方法升温。湿球温度严格保持稳定，不可随干球上升而波动。干球主要用烧火掌握，湿球主要用天窗地洞控制。

(5)注意事项：

第一，由于烟叶变化规律是前慢后快，所以此期时间往往比变黄前期短。具体时间因烟质而有较大差异，通常变黄前期约16～36小时，本期约8～18小时。烟叶变黄快，升温快，需时短；烟叶变黄慢，升温慢，需时长，应灵活掌握。

第二，若发现硬变黄，应在此期加强通风排温，促使烟叶塌架变软。硬变黄纠正得越早，对烟叶品质影响越小，越迟影响越大。

第三，当烟叶品质优良时，可在42℃使其变黄达九至十成。而烟叶品质欠佳时，此期则不宜变黄程度过高，应使烟叶在以后更高一点温度条件下继续变黄。

3. 变黄后期

(1)目的要求：此期是从变黄阶段转入干燥阶段的过渡时期。应使烟叶达到适宜的变黄程度，为干燥奠定良好的物质基础，又应使烟叶达到适宜的干燥程度，为干燥创造良好的前提条件。

(2)温、湿度控制：干球温度控制在42～45℃，湿球温度继续稳定地保持在38℃左右。

(3)烟叶变化：二棚叶变黄程度达九成黄左右。叶肉和部分细脉变黄，仅主、支脉和部分细脉尚呈青色，俗称青筋黄片。

同时干燥到勾尖卷边软卷筒。底棚叶变黄十成，达黄筋黄片，并干燥至小卷筒。三棚叶以上变黄八成左右，并充分塌架。

(4)操作要点：此期干湿差由4℃扩大至7℃，排湿量迅速增加，耗热量随之上升。应及时扩大火底(燃烧面积)、增强火力，确保升温及时。升温时，可采取每升1℃停若干小时，等烟叶变化到预定程度后，再每小时升温1℃，分段升至45℃。排湿时，天窗往往早已全开。此期应以湿球高低为准，逐步开启地洞掌握排湿，湿球高于38℃时扩大地洞，低于38℃时关小地洞，正好38℃时维持地洞开度不变。

(5)注意事项：

第一，必须注意烟叶的变黄与干燥程度两个标准，其中任何一个达不到上述要求，温度都不应超过45℃(温度超过45℃在生产上称为“转火”，即转入干燥阶段，需加强火力之意)。而当烟叶变化达到上述要求时，应及时转火。烟叶在此期变化快，需时较短，通常约6～12小时左右，转火过早，容易导致烤青，转火过迟，容易出现变黑，故准确而及时地转火是此期的关键。

第二，此期应认真检查全炕烟叶变化程度，以大多数烟叶变化程度为准，并适当照顾价值较高的优质烟叶，以使全炕烟叶获取最高经济效益为原则来确定转火时机。究竟掌握多少比例的烟叶达到上述要求，因配炕情况不同而有较大变化。但通常要求应有80%以上烟叶达到变化要求时，才宜转火。

第三，转火时的变黄程度，因烟叶质量不同而有较大变化。鲜烟品质优良时，宜提高变黄程度，达黄筋黄片。鲜烟品质欠佳时，应降低变黄程度，以防烟叶在定色过程中变黑。

4. 定色前期

(1)目的要求：此期是干燥阶段和变黄阶段的结束时期。

既应创造适宜的条件使烟叶以比变黄阶段稍快的速度脱水干燥，又应提供足够的时间，使叶内残存的叶绿素分解消失，确保烤后不含青。做到边脱水边干燥，边继续变黄，黄烟不过头，绿烟全变黄，即生产上所说的“黄烟等青烟”。

(2)温、湿度控制：干球温度从45℃分次上升到50℃，湿球温度稳定地保持在38℃左右。

(3)烟叶变化：在此期内二棚叶应变黄到十成黄(黄筋黄片)并干燥到小卷筒，底棚干燥到大卷筒，三棚以上全部达到十成黄并勾尖卷边，部分小卷筒。

(4)操作要点：干球温度宜在45～48℃维持较长时间，使二棚烟叶达十成黄，即在此温度范围内使“黄烟等青烟”。三棚以上烟叶应在50℃以前变黄达到十成黄。升温方法仍为每小时升温1℃，然后保持若干时间，等烟叶变化符合要求后再升温。湿球温度仍以地洞开启程度掌握，当地洞全开而湿球仍偏高时，应稳火平烧，控温排湿，直到湿球下降到38℃时再升温。严格控制干球温度与烟叶变化相适应，确保干球上升时湿球稳定(不可随干球上升而升高)，是此期操作要领。

(5)注意事项：

第一，必须注意变黄与干燥两个标准，烟叶变化不到十成黄，或在干燥达不到小卷筒时，温度不能超过50℃。

第二，此期排湿量大，耗热量大，对温湿度要求严格，所以烧火要稳，不可忽大忽小；升温要准，不可偏高偏低；排湿要顺，湿球不得偏高，往往宁低勿高。在扩大排湿量(开大地洞)时，应事先加火，以防掉温。

第三，此期升温宜慢不宜快，以防烟叶变黄不足或回青。不可猛升温，以防棕色化反应导致变黑，也不得掉温，以防落汗、挂灰。当然，也并非升温越慢越好。此期所需时间因烟而异，变幅甚大，通常约需18～36小时。

5. 定色后期

(1)目的要求：主要是排除叶中残存的水分，使叶片干燥，把烟叶已获得的品质和价值固定下来。同时，应使叶片在干燥过程中最终完成叶内物质变化，使其品质得到最终的改进和完善。因为叶内的致香物质将在此期(50～55℃)内大量形成，故应维持足够的时间，以增进烟叶的香气、吃味。

(2)温、湿度控制：干球温度从50℃分段上升至55℃，湿球温度稳定地保持在38℃左右。

(3)烟叶变化：二棚叶片全干(大卷筒)，仅剩主脉尚不干(靠叶尖部分的主脉已干，靠叶基处也已干燥，只有中间部分尚不干)；三棚以上烟叶大部分干燥到大卷筒；底棚开始干筋，结束定色。

(4)操作要点：干球温度以每小时升温1℃的速度升到52～53℃，然后稳火稳温，靠延长时间等烟叶变化。二棚烟叶不全部大卷筒温度不超过53℃；三棚以上不全部大卷筒温度不超过55℃。湿球温度仍以地洞开启程度为主进行控制，要继续稳定在38℃左右。

(5)注意事项：

第一，烟叶只要不干，其内部物质就在进行变化，残存的绿色继续变黄。尤其是叶脉，因含水较多，生命活动仍较活跃，完全可以充分变黄。故此期不能对继续变黄丧失信心，更不能采取快升温烤干算完的态度。此期所需时间变幅很大，通常为10～20小时。

第二，若发现炕内低温区装烟过稠处等局部烟叶难以干燥时，可在此期进行"调竿"，即将高温处拨稠，将低温处拨稀，以调节空气流动，促使全炕烟叶变化趋向一致。

6. 干筋前期

(1)目的要求：此期是从叶片干燥定色向主脉干燥的过渡时期，既应提高温度，降低湿度，促进主脉干燥，又应兼顾个别尚未结束定色的叶片（往往四棚以上，低湿处，装烟及上竿过稠处）使之正常结束定色，为干筋后期继续升温降湿作好准备。

(2)温、湿度控制：干球温度自 55℃以每小时升温 1℃的速度上升到 59～60℃。湿球自 38℃很快上升至 40℃左右，并保持稳定。

(3)烟叶变化：全炕所有叶片全部大卷筒，使定色（叶片干燥）彻底完成。

(4)操作要点：此期重点是确保全炕所有叶片全部安全定色。为节省燃料和易于升温，应进一步关小地洞（若地洞已关严，则关小天窗），使湿球温度很快上升至 40℃左右，因尚有少量叶片未完成定色，湿球温度应稳定在 40℃左右，不宜过高。

(5)注意事项：及时检查烟叶变化，尤其注意三棚以上、低温区、上竿过稠的烟竿及装烟过稠的位置。全炕烟不全部大卷筒，干球温度不超过 60℃，湿球温度不超过 40℃。

7. 干筋后期

(1)目的要求：此期为炕内操作的结束时期，目的是使全炕烟叶全部干筋，圆满结束烘烤的炕内调制过程。

(2)温、湿度控制：干球自 60℃以每小时升温 1℃的速度上升至 68℃，并保持稳定，直至全炕主筋全干。湿球自 40℃很快上升至 42～43℃，并保持稳定在此范围内。

(3)烟叶变化：全炕所有叶子主筋全部干燥，完成烟叶干制任务。

(4)操作要点:干球温度以每升高3℃保持2小时的速度上升到68℃左右,维持至所有烟叶主筋全干。温度不宜超过70℃,以免致香物挥发而降低烟叶香气、吃味。湿球温度可通过关小天窗(如地洞尚未关严,则先关地洞),使之很快上升至42～43℃,但不能过高,以免烟叶"潮红"。湿球也不宜过低,以免大量耗热,浪费燃料。

(5)注意事项:

第一,及时检查烟叶变化,准确掌握停火时机,防止停火过早,干燥不彻底而出现湿筋,也防止停火过迟浪费人力、燃料和时间。

第二,注意烧火,不可掉温,以防出现洇筋。

第三,注意检查火龙,防止漏烟跑火。防止落叶落竿,消除火灾。

第四,停火时不宜关严天窗(稍留缝隙),以防"闷红"烟叶。

(二)传统烘烤工艺的基本特点

第一,烘烤阶段划分较多、较细,各阶段之间温差较小,维持时间较短,升温较快。其干球温度曲线形成多阶段,故又称为多段式烘烤工艺。

第二,传统烘烤工艺与中国农业上传统的"精耕细作"思想相吻合。在老烟区有一定的群众基础,较易推广应用。其突出优点是看烟叶变化及时升温降湿,灵活机动,可以适应各类烟叶的烘烤。然而,由于阶段划分多,比较复杂,凭经验烘烤的成分较大,并且看烟叶变化及时升温降湿,这就大大缩短了烟叶在各个温度阶段的变化时间,往往使叶内物质变化欠充分,香气吃味欠佳,只能达到"黄、鲜、净"的水平,难以适应当前烟叶质量竞争的形势。故在应用时,必须注意克服其不足,适当延长温度40℃之前和50～55℃的时间，以增加烟叶香气、吃味。尤其对于营养水平较高，发育良好的烟叶更应重视。

五、三阶梯烘烤工艺 三阶梯烘烤工艺是在借鉴、消化和吸收美国简化烘烤工艺的基础上，结合我国烟叶的特点研究形成的一种新的烘烤工艺。三阶梯烘烤工艺，将烟叶烘烤的全过程简单划分为变黄、定色(干叶)、干筋3个阶段。各阶段的任务明确，措施具体，便于掌握，也便于机械化、程序化控制。同时，三阶梯烤烟工艺以适应国际市场对烟叶质量特别是内在质量的要求为目的，强调在低温阶段充分变黄，使叶内物质充分转化，形成丰富的香气基础物质，也杜绝了烤青。工艺强调温度在54～55℃内适当延长时间，以促进致香物质的合成，强调干筋温度不得过高，以防致香物质挥发散失，提高烟叶的香吃味。目前烤烟规范化生产逐渐落实，营养充足、发育完全的优质烟叶日益增多，只有采取三阶梯烘烤工艺，才能获得理想的烘烤质量。三阶梯烘烤工艺见图8-7。

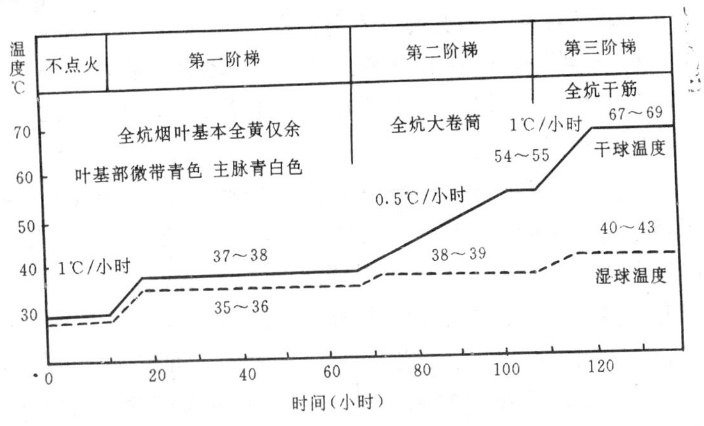

图8-7 三阶梯烘烤工艺简图

（一）三阶梯烘烤工艺操作过程：①装烟前打开天窗，使炕温下降到32℃以下，装烟后10～12小时内不点火。②点火后约每小时升温1℃，至37～38℃，维持2℃干湿差，使全炕所有叶片全部充分变黄（仅叶基3～4对支脉微青），主脉青白色，并且失水达到软卷筒，称为变黄期，变黄期所需时间变幅较大，一般情况下约需60小时左右。③烟叶变黄达到要求后，以2小时升温1℃的速度升到54～55℃，保持湿球温度38～39℃，不超过40℃，直至叶片干燥达到大卷筒，称为定色期，时间约36小时左右。④叶片干燥后，以每小时升温1℃的速度升到68℃，不得超过70℃，保持湿球温度41～43℃，直到全炕所有叶片主脉全部干燥，称为干筋期。⑤如果烟叶水分较大，或者营养水平较低时，变黄完成时的变黄程度宜较低，并延长在47～48℃的时间段，保持湿球温度38℃左右，使全炕烟叶黄片黄筋小卷筒。⑥全部烘烤过程中，天窗地洞开启的大小，烧火大小，均以保证适当的干球温度和湿球温度为准。

（二）三阶梯烘烤工艺的注意事项

第一，鲜烟必须营养充足，生长发育充分，真正成熟，才宜采用此烘烤工艺。

第二，关键是控制湿球温度在规定范围内，不可偏高偏低，或者忽高忽低。

变黄期维持干湿差2℃，促使烟叶缓慢适度失水，使其变黄程度与干燥程度互相适应；变黄期结束时，烟叶达到的变黄程度应视烟叶烘烤特性，灵活掌握。当鲜烟质量好时可充分变黄，当鲜叶质量差时，应相应降低变黄程度，使其在此后更高一点的温度条件下，再充分变黄。

（三）三阶梯烘烤工艺的基本特点

第一，三阶梯烘烤工艺在烘烤阶段上划分少，各阶段之间温差较大，维持时间较长，升温较慢，其干球温度升温曲线呈简单的三个较大的阶梯。这种简化工艺的突出优点是：①基本杜绝了烤青烟；②烤后烟叶颜色加深，多为橘黄色，符合40级制分级标准要求，即烟质增进明显；③烘烤各阶段技术简明扼要，便于烟农接受和掌握。

第二，三阶梯烘烤工艺适用范围，基本上限于国内规范化生产水平较高，烟叶发育水平较高，烟叶成熟度较高的烟田。然而，面对国内生产规模小，机械化程度低，田间整齐度较差，多种（甚至是多种类型）鲜烟互相配炕的现实情况以及仍然存在着的"营养不良、发育不全、成熟不够"的部分烟田，要想全部采用三阶梯烘烤工艺仍有困难。也就是说，在采用此法时，一定要分清鲜烟特性。如果用在营养、发育、成熟均较差的烟叶上，尽管是先进的工艺，也很难取得理想的效果。此外，在操作上长时间稳定在一个温度、湿度条件下，也并非易事，需坚守岗位，精心操作才能办到。

六、五阶梯烘烤工艺 五阶梯烘烤工艺是在继承传统烘烤工艺的基础上，吸取国外先进技术的内核，为适应我国多种类型鲜烟烘烤特性而研制产生的一种新的烘烤工艺。五阶梯烘烤工艺将整个烘烤过程依烟叶的变化情况划分为5个温度阶段进行控制。其工艺如图8-8。

（一）五阶梯烘烤工艺的操作过程和技术要点

1. 第一阶梯：此段的主要任务，一是促使烟叶缓慢适度失水发软，以确保叶内物质变化正常，且充分进行。二是确保底棚叶基本变黄（达八成黄左右），防止底青。其技术要点：①确保底棚叶变黄八成左右、主筋发软，二棚叶变黄六至八成、叶片发软；②干球温度32～38℃（一般35℃左右），鲜烟优良时，干球温度宜较低，时间宜较长，变黄程度宜较高，以促其内

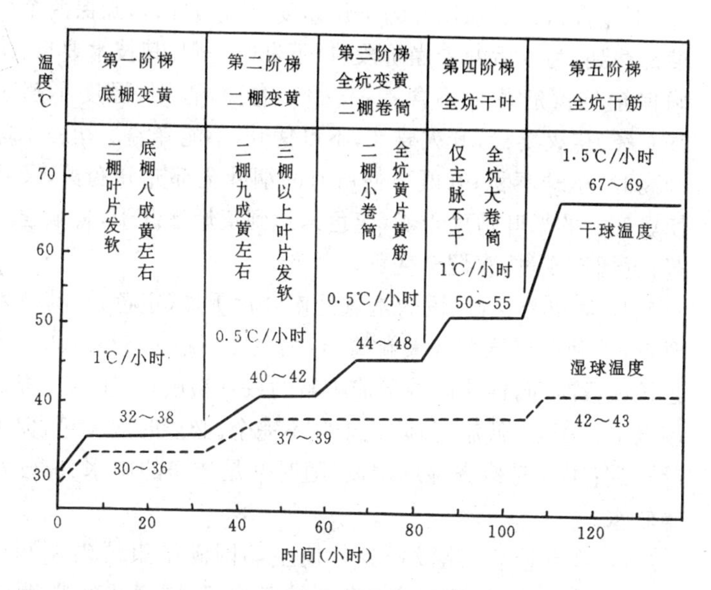

图 8-8　五阶梯烘烤工艺简图

含物充分转化,并形成丰富的香气基础物质。鲜烟欠优时,干球温度宜较高,时间宜较短,变黄程度应较低,以防养分过度消耗;③保持干湿温差 2℃左右,过小时排湿,过大时补水增湿;④升温时烧火勿过大,升温勿过快,湿球温度宜偏低 2℃左右。

2. 第二阶梯:此段的主要任务是确保叶片充分变黄(黄片青筋),使烟叶适量失水,使变黄程度协调。其技术要点:①保持干球温度在 41～42℃(一般 41℃左右),确保二棚叶变黄九成左右,主筋发软,三棚以上变黄八成左右,叶片发软;②保持湿球稳定在 37～39℃(鲜烟优良宜高勿低,反之,宁低勿高,余青在下段解决)。

3. 第三阶梯:此段既要强调烟叶的变黄程度(达黄筋黄

片，不显青），又要强调叶的干燥速度（达小卷筒），确保两个标准都达到，为以后的干燥阶段，打下良好基础。其技术要点：①确保全炕黄筋黄片不含青，二棚小卷筒，否则，温度不超过49℃；②烧火要稳，升火要准，不可猛升，不能降温。切忌干球升高时，湿球不稳；③既要使所有的烟叶全部充分变黄，又要使已变黄的烟叶适度干燥（定色），达到黄烟逐渐干，青烟逐渐黄；黄烟不变过，青烟全变黄。

4. 第四阶梯：此段的重点是使叶片干燥（定色）。其技术要点：①确保全炕烟叶大卷筒，否则温度不超过55℃；②适当延长此段时间，促使叶内形成丰富的致香物质；③注意检查三棚以上过稠处、低温区，防止干叶不完全。必要时应调竿，促干叶一致；④及时检查湿球水瓶，随时补足洁净的雨水、凉开水等软水。

5. 第五阶梯：此段任务是使主筋圆满结束炕内调制过程。其技术要点：①确保全炕烟叶主筋全干，圆满结束烘烤；②稳升温至68℃左右，延长时间直至停火。不可降温，以防洇筋；③用天窗、地洞很快将湿球调整到42～43℃，直至停火；④干球莫超70℃，湿球莫超43℃，确保烟叶香气吃味，防止烤红；⑤随时检查火龙，清除落叶，发现漏烟跑火，立即抢修，杜绝火灾；⑥注意检查烟叶干燥程度，准确而及时地停火。防止盲目延长时间，造成人力、物力、时间的浪费或停火过早出现湿筋。

（二）五阶梯烘烤的基本特点：五阶梯烘烤工艺汲取了传统工艺的精华，也融进了三阶梯烘烤工艺，确保叶内物质转化充分，提高烟叶香气吃味的内核，既有一定的先进性，也有相当的宽窄度和适应性，比较适合当前国情。与传统工艺相比，五阶梯显得简单明确、先进实用；与三阶梯烘烤模式相比，五阶梯显得适合烟区实际，易为烟农接受。其主要特点为：

第一，把烘烤阶段明确地划分为两个变黄（底棚变黄、二棚变黄），两个干燥（干叶、干筋），一个过渡，共 5 个阶段，并具体规定了各段的任务措施，简单明确，易于掌握。

第二，与多段式相比，缩短了变黄后期（42～45℃），强调烟叶在 40℃以前变黄六至八成，在 42℃之前变黄达九成（青筋黄片）左右，较大幅度地提高了烟叶在“低温”阶段的变黄程度。缩短了干筋前期（55～60℃），强调烟叶在 55℃之前干叶，适当延长 50～55℃的维持时间。

第三，与三阶梯烘烤模式相比，五段式强调一般情况下叶片在 42℃以前充分变黄，叶脉在 48℃之前应充分变黄。这是因为国内多数烟叶营养发育水平尚不高，若在 40℃之前使叶脉也充分变黄，定色时容易出现种种烤黑的问题，若在 42℃之前不使叶片变黄，定色时容易出现种种烤青现象。

第四，强调适当延长 44～48℃阶段，使烟叶在此阶段完成变黄到干燥的过渡，既确保烟叶充分变黄（黄筋黄片不显青），又失水到小卷筒，为转入干燥阶段打下良好的基础。此阶段与传统烘烤经验的“黄烟等青烟”相似。对于目前鲜烟质量不一致，变黄速度不尽相同的烘烤现状，是适宜的。

第五，把温度曲线由一条线改为一条宽带，突出了干球（或湿球）温度控制的变化及其幅度。说明了灵活掌握的重要性，也相应减少了照抄照搬的可能性。

第六，每个阶梯都划分为升温与稳温两部分，并规定了升温部分的升温速度。同时指出，各段时间长短，主要由稳温部分确定，变幅较大，应灵活掌握。

七、几种不同类型烟叶的烘烤 前面已经谈到，不同栽培技术措施、不同土壤和气候条件、不同着生部位的烟叶，其营养发育水平不同，烘烤特性差异很大。下面介绍几种不同类型烟叶烘烤工艺的要点。

（一）不同栽培技术措施下的烟叶烘烤：这里将丘陵薄地营养不足，平原地区营养水平良好，氮素施用量过多落黄差等3类烟叶的烘烤要点归纳如下：

1．丘陵薄地营养不足的烟叶的烘烤

（1）鲜烟特点：叶小而黄，含水较少，内含物尚充实，保水能力较强，变黄与脱水慢，易烤青及挂灰。

（2）技术要领：干球温度宜低不宜高，湿球温度宜高不宜低，注意保湿变黄，稳升温，缓定色，力争烤出优质烟。

（3）采收装烟：成熟采收，既莫偏生，又勿过熟，因成熟较慢，采收间隔宜较长，装烟宜稠不宜稀。

（4）湿球温度：宜稍高，变黄期注意保湿，适当缩小干湿差，必要时可加水增湿。

（5）起点温度：约32～36℃，秋后或底棚时尚可更低。

（6）升温速度：升温宜慢不宜快，适当延长烘烤时间，耐心等烟叶变化。

（7）变黄程度：温度40℃前烟叶变八成黄以上，42℃前变九成黄以上，46℃前烟叶黄筋黄片，烤后不显青。

2．平原地区水肥营养良好的烟叶的烘烤

（1）鲜烟特点：叶大而黄，内含物充实，成熟良好，变黄脱水正常，但需时较长，容易烤青和挂灰。

（2）技术要领：干球温度不宜高，湿球温度不宜低，注意充分变黄，稳升温，慢变色，不烤青烟，确保烤出优质烟。

（3）采收装烟：成熟及充分成熟采收，宁过勿生，最忌采青，上竿宜稍稀，装烟宜稍稠（莫过稠）。

（4）湿球温度：湿球温度稍高，变黄期保持适当的干湿差

(过大加水增湿，过小排湿)。

(5)起点温度：起点温度约36～38℃，注意防止温度过高，造成底棚烤青。

(6)升温速度：升温宜慢、宜稳，不宜快，延长烘烤时间，确保烟叶充分变化。

(7)变黄程度：温度40℃前烟叶变七成黄以上，42℃前青筋黄片，48℃前黄片黄筋不含青。

3. 氮素施用过多落黄差的烟叶的烘烤

(1)鲜烟特点：叶大而薄，含水较多，内含物欠充实，变黄与脱水较困难，既易烤青又易烤黑。

(2)技术要领：干球温度宜高，湿球温度宜低，升温稍快，注意排湿，先拿水后拿色，防止变黄不足烤青和变过烤黑。

(3)采收装烟：尚熟至成熟采收，不可采生，也不可过熟，上竿要稀，装烟也要稍稀(忌过稠)。

(4)湿球温度：湿球温度稍低，变黄期保持较大的干湿差，加强排湿，以利烟叶变软。

(5)起点温度：约38～40℃，注意防止温度过低，造成硬变黄。

(6)升温速度：升温宜稍快，既要确保烟叶变黄，又不要变过，以防烟叶烤青或烤黑。

(7)变黄程度：温度40℃前烟叶变三成黄左右，42℃前变五成黄左右，45℃前变七成黄左右，48℃前青筋黄片，50℃前黄筋黄片。

(二)不同气候条件下的烟叶烘烤：不同气候条件影响烟叶内物质的积累和运输，因而影响采收时烟叶内营养状况和化学成分的协调，必然地影响烘烤工艺和最终烘烤结果。现将天气干旱和多雨条件下烟叶的烘烤要点加以概括。

1. 雨天烟叶的烘烤

(1)鲜烟特点:含水较多,含干物质较少,内含物欠充实,变黄尚易,定色较难,容易烤黑或烤青。

(2)技术要领:干球温度较高,湿球温度较低,升温较快,加强排湿,同时要防止过变黄,防止烤黑与烤青。

(3)采收装烟:适熟采收,不采生,也不采过熟。上竿与装烟均宜较稀。

(4)湿球温度:湿球温度宜较低,变黄期干湿差宜较大,定色期湿球温度宁低勿高。

(5)起点温度:宜较高,以防硬变黄。底棚烟宜作预处理(在进炕前先变三成黄),以防底棚烤青。

(6)升温速度:宜较快,以防烤黑烟,同时应兼顾烟叶变黄(适当掌握),以防烤青。

(7)变黄程度:低温阶段变黄不宜过高,较早转火,50℃前达黄片黄筋,防止转火晚而变黑。

2. 旱天烟叶的烘烤

(1)鲜烟特点:含水较少,含干物质较多,且充实,变黄与脱水较晚,容易烤青或挂灰。

(2)技术要领:干球温度宜较低,湿球温度较高,升温较慢,注意保湿充分变黄,防止烤青与挂灰。

(3)采收装烟:成熟度宜高,最忌采生叶,宜采露水烟,上竿不宜太稠,装烟应较稠。

(4)湿球温度:宜稍高,变黄期干湿差宜较小,过大时应及时加水,注意保湿,促变黄。

(5)起点温度:宜低不宜高,以防烤青。

(6)升温速度:宜慢不宜快,以确保烟叶充分变黄,防止急升温回青与挂灰。

(7)变黄程度：低温阶段变黄宜高不宜低，转火时达青筋黄片或黄筋黄片，48℃前完全变黄。

3. 旱黄烟叶的烘烤

(1)鲜烟特点：烟叶并非真熟，内含物欠充实，含水少，保水力强，变黄脱水均困难，易烤青、烤黑及挂灰。

(2)技术要领：干湿球均宜稍高，促进变黄，转火较早，但定色较慢，防止烤青、挂灰及烤黑。

(3)采收装烟：宜采收真正成熟叶，但也不可等焦枯过重时才采，装烟宜稠不宜稀。

(4)湿球温度：湿球温度宜稍高，变黄期适当缩小干湿差，维持稍高湿球温度以促进变黄。

(5)起点温度：宜稍高，等叶片软后可适当降温，以防烤青。

(6)升温速度：变黄时宜较快，定色时宜较慢，使烟叶在定色中能完全变黄。

(7)变黄程度：约七成黄左右，转火慢升温，缓定色，在较高温度下再使烟叶完全变黄。

(三)不同部位烟叶的烘烤：不同部位的烟叶在烟株上受空间和时间的影响，叶内干物质充实程度、叶组织的紧密程度、叶组织内含水量的多少及保水能力差异很大，因而在烘烤工艺上有某些差异。上中下3个部位烟叶的烘烤要点如下。

1. 下部叶的烘烤

(1)鲜烟特点：叶薄而松，内含物欠充实，含水多，但保水能力不强，易变黄，难定色，易烤黑或烤青。

(2)技术要领：湿球温度宜稍低，干球温度不宜高，但升温要稍快，注意变黄与干燥协调，加强排湿，防止烤黑与烤青。

(3)采收装烟：采生易烤青，过熟易烤黑，适熟稍早采收为宜，装烟宜稀不宜稠，以利排湿定色。

(4)湿球温度：宜稍低，变黄期干湿差异较大，以利叶片发软。

(5)起点温度：约 32～37℃，不宜过高，以防脱水过早。

2. 中部叶的烘烤

(1)鲜叶特点：厚度适中，结构疏，内含物充实，变黄与定色均较正常顺利，比较好烤。

(2)技术要领：可基本上参照烘烤基本模式进行，应千方百计多烤优质烟。

(3)采收装烟：成熟采收，宁过勿生，减少青烟，装烟不宜过稠过稀，以适中为好。

(4)湿球温度：不宜过高过低，亦不可忽高忽低，变黄期干湿差要适中。

(5)起点温度：约 34～38℃，不宜过高或过低。

(6)升温速度：随烟叶变化而升温，恰当配合，拉长 45～47℃时间，促叶片全黄。

(7)变黄程度：约青筋黄片时转火，47℃前黄烟等青烟，达到全炕黄，千方百计防止烤青。

3. 上部叶的烘烤

(1)鲜叶特点：叶厚且紧密，内含物充实，含水少，保水能力强，变黄慢，脱水难，易烤青和挂灰。

(2)技术要领：湿球温度较高，干球温度也较高，但升温较慢，充分变黄，稳缓定色，防止烤青与挂灰。

(3)采收装烟：充分成熟采收，以利变黄，也不可过熟，以防挂灰，装烟宜稠不宜稀。

(4)湿球温度：宜稍高，变黄期干湿差宜稍小，过大时应及时补水增湿。

(5)起点温度:约 36～39℃,不宜过低,以促进水分蒸发。

(6)升温速度:宜慢不宜快,防回青与挂灰,拉长 46～48℃时间,使烟叶至全黄。

(7)变黄程度:约青筋黄片时转火,48℃前黄烟等青烟,达到全炕黄,稳定色,防烤青与挂灰。

(四)几种特殊烟叶的烘烤

1. 黑暴烟:所谓黑暴烟,即指在田间生长叶片肥大,粗筋暴梗,难以落黄成熟,甚至烘坏也难以落黄的烟叶。黑暴烟水分含量往往很多,干物质含量少,内在化学成分不协调。黑暴烟叶肥厚,烤后极薄。烘烤中变黄和脱水都比较困难,变黄和干燥关系很难同步进行,所以极易烤青,又易烤黑。黑暴烟又有老黑暴烟和嫩黑暴烟之分。

对于黑暴烟,应多采取加强大田管理,改善空间营养等综合处理方法,尽量提高烘烤质量。

(1)老黑暴烟:多系高水肥、施氮过量条件下形成的上部叶,叶大片厚,深绿、老绿较难落黄,组织紧密保水力强,含水量并不算太高,内含物尚充实,但含蛋白质比例偏高。烘烤变黄慢、脱水难,既容易变黄不足而烤青,又容易因拖延时间过久,干物质消耗过度而挂灰或烤黑,还容易因含水尚多时猛升温而挂灰或烫片,不好烘烤。即便是烤好了,也是深黄、赤黄、红棕黄,且色泽较暗,油分较差。

对老黑暴烟应耐心等其成熟落黄,以防烤时变黄、脱水困难。但也不可使其过熟,以防挂灰或烤黑。一般情况下,宜在叶尖明显落黄、叶面起黄斑,约八九成熟时采收。装炕密度要适中,装烟要均匀,防止上下棚烟叶之间重叠挤压。

调制老黑暴烟的技术要领是:选用传统烘烤工艺,并依具体情况灵活运用。通常掌握干球温度较高,湿球温度稍低,促使烟叶在变黄过程中及时变软。转火前的变黄程度宜偏低一些，早转火，慢升温，稳定色，在较高温度条件下促烟叶缓缓失水，完全变黄，防止烤青、挂灰与烤黑。其大体的工艺要点为：干球起点温度约 39℃或更高（越黑暴越高），干球达到起点温度时的湿球温度约 36℃，控制干湿差 3℃左右，促使烟叶在缓缓失水变软中变黄。

随着变黄程度的提高，逐渐升温，不可升温过急，应在 47～48℃温度条件下停留一段时间，使烟叶变黄九成左右，50℃之前达黄片黄筋（十成黄）。在烟叶完成定色之前，湿球温度不宜超过 38℃。烧火要准，升温要稳，不得猛升陡降，以防挂灰。

（2）嫩黑暴烟：多系高水肥，高密度，养分不协调，氮量过多等条件下形成的下部烟叶。叶片肥大（烤干后叶片薄），浓绿、嫩绿不易落黄，组织疏松，含水多，含干物质少，内含物不充实，保水能力较一般正常烟叶强，比老黑暴烟弱。烘烤时往往前期变黄过慢，而后期变黄较快，变黄后变黑也快，较难定色，易烤黑。同时也容易怕烤黑致使变黄不足而烤青。烟叶脱水不十分困难，但因含水多且水分较易集中蒸发而致使排湿（从炕内到炕外）困难，易造成蒸片现象。从一定角度上说，嫩黑暴烟更难烘烤。

对嫩黑暴烟应注意适熟采收，防止过熟。生产上流传的“七成收八成丢”的经验即源于此类烟叶。编烟上竿宜较稀，不可过稠，大叶片可以一片一把（每竿编 60～80 片）。装炕密度宜稀不宜稠，以防排湿不顺畅。同时，装炕要装挂均匀，防止相互重叠挤压。

调制嫩黑暴烟的技术要领是：采用传统烘烤工艺，依据具体情况灵活运用。通常，掌握干球温度宜偏高，湿球温度宜偏低，促烟叶先变软再变色。转火时的变黄程度宜低不宜高，以防变过而烤黑。转火后，加强烧火与通风排湿，促烟叶较快干燥。只要多数烟叶可以烤黄，就可认为达到了预期的标准(允许烤后有一定数量青烟)。若片面强调“全烧黄”，就会适得其反，易烤成黑烟。生产上所说“炕烟不离青，离青容易烘”就是指这类烟叶而言。其大体的工艺要点为：干球起点温度约40℃或更高(越黑暴越高)，有时可达42℃或更高，湿球温度控制在36℃左右，维持4℃以上的干湿差，促烟叶在变黄初期，先变软后再变黄。在诊断烟叶变黄程度时，应全面观察，既注意叶片、又注意叶基，既看叶缘、又看叶脉，防止局部变黄过快或过慢，出现操作失误。随着烟叶的变黄，应及时升温，不宜在某一温度下久停，“宁叫火等烟，不叫烟等火”。当烟叶变黄五成左右时，应升温达45℃。从烟叶变到五成黄开始，烟叶变黄速度可能明显加快，应注意及时干燥定色。故45℃后应加强烧火，同时加强通风排湿，即“大烧火、大通风、大排湿”，防止因干燥定色不及时而烤黑。整个变黄与定色过程中，湿球温度宜控制在36～37℃，一般不超过38℃。

2. 雨后烟

(1)雨淋烟

①烘烤特性：指采收时短时间(如24小时以内)降雨的影响，叶面附着有明水的烟叶。由于降雨的影响尚小，只是增加了一些附着水分，所以烘烤特性变化不大。

②技术措施：点火后立即打开天窗、地洞排湿，先排除烟叶的附着水分，再关小天窗、关闭地洞，转入正常烘烤。此类烟叶受降雨的影响不大，仍应尽量烤成黄烟。

(2)返青烟

①烘烤特性：烟叶受较长时间的降雨影响，使雨前已成熟落黄的烟叶又返青发嫩，这种烟称为返青烟。返青烟不仅叶内

水分发生了变化，而且内含物也发生了变化，淀粉等碳水化合物含量降低，蛋白质增加。烘烤时变黄较难，脱水较难，干叶时容易发生褐变，不好烘烤。

②技术措施：返青烟最好等天晴后让太阳晒几天，使其再次自然落黄时采收。如天气连阴，则不能等天晴，否则容易发生“水烘”。采收要适熟，装炕要稍稀。烘烤时，除按水分大的烟叶处理，给以较低的湿球温度，较高的干球温度外，还应注意在定色前期尽量拉长时间。一般应在45～47℃时拉长时间，大量排湿，使烟叶小卷筒。然后才能继续升温，转入正常烘烤。如果转火后较快地升温到48℃以上，烟叶就容易逐渐变坏。在烟叶含水较多时升温较快较高，容易引起脱水困难的烟叶烫伤。

3. 嫩黄烟：在高水肥、高密度，田间郁蔽条件下，容易出现嫩黄烟。其产生原因主要是严重的田间通风不良和光照不足，从而使叶绿素的形成受阻。

(1)烘烤特性：此类烟叶内含物严重不充实，含水分多，含干物质少，组织疏松，叶片轻薄，叶色浅淡，黄中透白，在田间容易烘坏。烘烤时下色很快，黑得也很快。难于正常变黄，也难于顺利干叶，很容易烤糟。注意排湿，防止烤糟是烘烤的技术要点。

(2)技术措施：采收时应注意及时早收，防止在田间烘坏。装炕不宜稠，以防排湿不顺。湿球应控制在37℃以下，含水分越多应越低。干球应偏高，控制在40℃左右，含水分越多应越高，但干球控制也不能太高，不超过42℃，以防“激汗”转火时变黄程度不高(约六成黄左右，含水越多越低)。变黄期应及时提火升温，以适应下色快的特点。干叶期升温要适当，既不能快，也不能慢，还不应在某一温度上拉长。应根据烟叶变黄和脱水干燥情况，逐渐升温定色，使烟叶在逐渐升温，大量排湿过程中逐渐完成变黄，逐渐干燥定色。早转火，逐渐升温，加强排湿定色，宁青勿黑是烘烤此类烟叶的关键。

八、烟叶烘烤的原则 在烘烤的具体操作中，既要掌握烘烤的一般规律，又要结合当时当地烟叶的烘烤特性灵活运用。总的烘烤原则是依鲜烟质量和烟叶在烘烤过程中的变化，来确定温度和相对湿度。烟农在长期的烘烤实践中总结了“四看四定”、“四严四灵活”，概括了烘烤工艺的基本原则。

(一)四看四定

1. 看鲜烟叶质量定烘烤方法：各类不同情况下形成的鲜烟叶，具有不同的烘烤特征，采用与其相适应的烘烤工艺，才能保证应有的烘烤质量。

2. 看烟叶变化程度定干球温度高低：干球温度必须与烟叶变黄程度与干燥程度相适应，烟叶变化达不到规定的程度，温度不得超出相应的范围，烟叶变化快，升温快，烟叶变化慢，则升温慢。

3. 看干球温度定烧火大小：干球温度偏高时控火，偏低时提火，适宜时稳火。烧火大小以干球温度为指标，并以确定干球温度控制在适宜范围为目的。

4. 看湿球温度定天窗、地洞开关大小：湿球温度可以近似地代表湿叶片自身温度，是制约烘烤质量的关键。湿球温度偏高时，往往容易导致烤黑；湿球温度偏低时，又容易导致烤青，只有湿球温度适宜并稳定才能确保烘烤质量。而天窗、地洞开启的大小，直接确定了湿球温度的高低。当湿球温度偏高时，应开大天窗、地洞，偏低时则应关小天窗和地洞。

在进行天窗、地洞操作时，应先开天窗，由小到大直至开完，然后开地洞，由小到大直到开完。

（二）四严四灵活

第一，按鲜烟质量确定适宜的烘烤方法要严，具体实施要灵活。

第二，确保干球温度与烟叶变化相适应要严，各温度阶段维持的时间长短要灵活。

第三，确保湿球温度适宜且稳定要严，天窗、地洞开关大小要灵活。

第四，确定干球温度的规定范围要严，烧火大小要灵活。

四看四定、四严四灵活的核心是烟叶的变化。烧火提供了热量，同时也蒸发烟叶水分，提高环境湿度，所以烧火的大小直接控制了烤房温度的高低和烟叶水分汽化的多少。天窗、地洞的开启，流通了烤房内环境的空气，既带走了水分，又带走了热量，具有调节烤房温度、湿度的双重作用。归纳到一点，它们共同制约了烟叶的变黄和干燥过程，决定着烟叶的烘烤质量。

九、烤坏烟的现象和原因　烤坏烟的现象多种多样，常见的有烤青烟、挂灰、黑糟、花片、洇筋、烤红、活筋、光泽暗淡等等。其发生的原因也是多方面的，如栽培技术不当，造成鲜烟质量欠佳，采收烟叶成熟度不适，烘烤技术失误及烤房结构不良等等。

（一）烤青烟：含青度超过规定限度的原烟称为青黄烟，简称青烟。按目前15级制规定：青筋黄片的烟叶，暂允许在中三、上二以下定级。

产生青烟的原因有以下几个方面：

第一，采收的烟叶成熟度不够，或土壤中氮素含量高。这类烟与正常成熟的烟叶同炕烘烤，前者变黄慢，后者变黄快，以后者为标准烘烤，前者未得变黄即成青烟。

第二，烤房底棚高度过低，烟层距火龙距离太近，或在变黄期升温过高，烟叶未变黄即干燥。

第三，变黄期天窗及进风洞关闭不严，或打开过早，底层烟叶会烤青更重。

第四，变黄期时间短，升温急，烟叶未达到变黄标准，过早进入定色期，烤房内形成高温低湿，阻止了蛋白质的分解，叶绿素降解不彻底，表里不一。

第五，定色期升温快，应在某一温度下停留而未停留，烟叶失水干燥快，较厚的烟叶表层呈黄色，而叶肉内尚未彻底变黄，烤后泛青，称为“回青”，若叶片较薄，则会成为“青膀”。

第六，烤房平面温度不均匀，或装炕稀密不一致，过稀处温度高，湿度小，烤成青烟。

青烟内含物质转化不充分，特别是含氮化合物的含量高，糖含量低，烟叶含青度越高，这种情况越突出，严重影响烟叶香气和吃味，品质低劣，经济效益也很低。

（二）黑糟烟：烤后呈黑褐色，光泽暗，品质低劣的原烟，称为黑糟烟，又称为桐叶烟、糖枯烟等。黑糟烟是一个比较笼统的概念，它包括了若干种黑褐色的低劣烟。

1. 蒸片：高温高湿使烟叶蒸烫受损而变黑，称为蒸片。往往是在烟叶含水分尚多时，猛升温烫伤烟叶引起褐变而造成的。

（1）鲜烟蒸片：鲜烟由于不适宜的堆存造成内部温度过高（可达60℃以上）、湿度过大，而受损变黑。此种烟叶，往往失去烘烤价值。

（2）青烟蒸片：烟叶尚未变黄或变黄不足时，遇到恶劣的高温、高湿条件而变黑，多呈青黑色，不仅青而且色暗发黑。

（3）黄烟蒸片：烟叶变黄后遇到高温高湿条件而变黑，多呈黑褐色。

2. 糟片：叶内干物质消耗过度，称为糟片。它与蒸片的主要差别是：蒸片烟往往身份尚重，较充实，不易糟碎，而糟片烟往往身份轻薄，极不充实，弹性极差，容易糟碎。从色泽上看，蒸片呈黑褐色，糟片呈棕褐色。

(1)鲜烟成熟过度：过熟叶养分外流，组织轻薄，烘烤时容易出现糟片。在植株上已干枯死亡的叶片，未经烘烤就已是糟片。

(2)变黄过度：变黄过度造成养分过量消耗，而烤成糟片。

(3)硬变黄：变黄前期失水不足，烟叶不塌架，不发软，造成叶内物质变化不正常(碳水化合物等物质过量消耗)，延长变黄时间，干叶期干燥脱水困难，以致叶内养分过分消耗而烤糟。

(4)干叶不及时：烟叶变黄后不能及时干燥，造成叶内干物质过度消耗，出现烤糟。

3. 花片：烟叶局部出现黑糟，使叶片变得好坏相间，品质极不均衡的现象，称为花片。

(1)病害：由于病原的危害，使烟叶局部受损而变坏，出现带有病斑的花片。

(2)落汗：炕内温度下降达到露点温度或排湿不良处于水雾弥漫之中，汽化后的水蒸气又凝结到叶片上。由于水蒸气凝结时放出大量的热量(称为凝结放热)，而造成局部烫伤的现象，称为落汗。所以，掉温和温度过高(尤其是变黄期以后)，对烟叶品质极为不利，应坚决杜绝。

(3)塌片：烟叶被挤压而造成局部升温不良，排湿不顺，从而使烟叶烤坏的现象，称为塌片。所以上竿装炕一定要均匀，避免烟叶过稠局部受挤。尤其是竿头上的烟叶，不能压在桁条或挤在墙头上。当塌片严重时，将出现几乎整片叶烤后不干的现象，称为湿片。湿片叶是没有实用价值的。

(4)机械伤：由于采收、上竿、运输、装炕等操作失当，造成烟叶上的局部机械伤，烘烤后明显表现出局部机械损伤性斑块。

(三)挂灰烟：在烟叶正面出现黑褐色细微斑点，使叶正面好像蒙上了一层黑灰，称为挂灰。在生产上也叫做灰色或灰脸、挂黑等。其特点是黑褐色细微斑点仅呈现在叶正面，叶背面没有。但危害加重，在叶背面表现黑褐色时，即转为黑糟。凡产生黑糟的因素，在其危害较轻时，就表现为挂灰。通常薄叶不易挂灰，厚叶较容易挂灰。

由于危害程度的不同，挂灰分为叶尖部挂灰、叶中部挂灰、叶基部挂灰、全叶挂灰；轻微挂灰(叶面呈黑色，对基本色影响不大)、严重挂灰(叶面呈黑色，基本色被遮盖)。产生原因主要是：

1. 升温过急：不适宜地过急升温(每小时升温 2℃以上)，尤其是烟叶含水尚多时升温过急，而又未达到发生蒸片的程度，将引起挂灰。升温过急常发生在干叶期，其表现往往是烟叶后半部分挂灰，有时叶尖挂灰也可能与升温过急有关。不论黄烟或青黄烟都容易挂灰，挂灰部分色泽发暗呈棕黄色，光泽极差。升温过急而引起的挂灰称为热挂灰。热挂灰现象目前十分突出。

2. 温度下降：在定色期炕内较长时间和较大幅度掉温，使叶面凝结水分而受损。若达不到出现汗斑的程度，容易产生挂灰，这种挂灰称为凉挂灰，多发生在干叶期。

3. 变黄过度：烟叶变黄过度，消耗干物质过多，但又达不到烤糟的程度，容易发生挂灰。由于变黄过度而挂灰时，往往叶尖部挂灰严重;黄烟挂灰严重。而叶后部或青黄烟往往不挂灰或挂灰较轻。另外,上部叶等较吃火的叶片,长期处于过低的温度条件下,变黄慢,过分拖长变黄时间,尽管从外表上看变黄不过分,但干物质消耗已过多,也容易引起挂灰。

4. 鲜烟过熟:鲜烟过熟,但又达不到出现糟片的程度,容易产生挂灰。成熟越过,越容易挂灰,也越严重。如对长脖黄品种的上部烟,若叶面黄色斑块布满,叶边发白,成熟过度时采收就很容易挂灰。通常上部 3～5 片叶成熟时同时采收,对于防止挂灰是有效的。

5. 烟叶在变黄初期不出汗:特别是秋后烤烟时,由于气温低,天窗、地洞封闭不严,烟叶不表现出汗,或者冷空气窜入烤房,都很容易引起挂灰。

除了上述几个方面容易引起烟叶挂灰外,若在变黄期温度忽高忽低,也会造成叶尖部和下半段挂灰。

(四)色泽不鲜明:烤后烟叶色泽暗淡,光泽差,称为色泽不鲜明。它实质上是比挂灰更轻的一种叶片损伤。凡产生黑褐的各种不利因素,当其危害轻微,尚达不到挂灰程度时,将表现为色泽不鲜明,如鲜烟稍过熟,变黄稍过分,升温稍高稍快,排湿不顺畅,短时小幅度掉温等。

(五)洇筋:烟筋中水分渗透到已烘干的叶片上,造成叶面靠叶脉部分局部损伤褐变的现象称为洇筋。洇筋往往是干燥阶段炕内较长时间掉温所造成的。当洇筋严重时,叶面损伤将不局限于叶脉两侧,而形成大片的褐变,这种现象称为洇片。

(六)烤红:干燥后的叶片在不适当的高温、高湿条件下变红的现象(多呈赤黄色),称为烤红。烤红现象多产生在干筋期。形成烤红的原因,主要是炕内温度过高。实践证明,在干筋期只要湿球稳定在 43℃以下,干球较高也不致于烤红。若湿球超过45℃，即使干球在65℃以下，也容易出现烤红。当然，过高的干球温度也会造成烤红。所以，在干筋期控制湿球不超过45℃，干球不超过70℃是适宜的。

（七）湿筋与湿片：烤后烟筋不干的现象称为湿筋，也称肉筋、活筋或不过筋。烤后叶片不干的现象称为湿片。

这种现象多是停火前检查不认真，烟没完全烤干，就过早停火造成的。而炕内温度不均匀，烟叶干燥不一致，则是出现湿筋、湿片的重要前提。有时因为某一局部位置的烟叶不干，需要大量延长时间，不仅浪费燃料，而且影响烤房利用率。所以强调编竿匀，装炕匀，垒火炉、灶龙匀，进风匀，炕内温度和通风均匀一致，使烟叶变化均匀一致，是十分重要的。

第四节 烤房的修建

烟叶烘烤必须在特定设备中进行，这种设备叫烤房。我国烟叶生产中普遍应用的是自然通风气流上升式烤房。

一、气流上升式烤房的温湿度和气流规律 供热系统设在烤房的底部，烧火加热的炉口在烤房外面，热烟气流经火管表面散热，利用自然通风及气体分子的热运动，使热量自下而上移动，提高烤房温度。这种烤房称为自然通风气流上升式烤房（简称气流上升式烤房），是目前国内外应用最普遍最多的形式。

（一）密闭状态下的气流和温湿度规律：烟叶变黄期，烤房的进风洞及排气窗全部关闭，烤房呈密闭状态，装烟层以上的空间气流，流动很慢，仅很少一部分热气透过烟叶层缓慢上升，大部分热气在底棚烟叶以下旋转。底层温湿度的均匀与否，与火管表面散热的均匀程度有直接关系。火管排列合理的烤房，平面散热均匀，烤房温差小，温度场就均匀。此外，烟叶层稀密的一致程度，也影响到底棚温度是否均匀一致。

烤房在密封状态下，底棚温度比二棚高2～3℃，相对湿度低20%左右；二棚较三棚温度高1～2℃，相对湿度低5～10%；三棚以上各棚次的温度及湿度与三棚基本一致。

（二）通风状态下的气流和温度规律：当烘烤过程进入变黄末期至定色期，烤房开启天窗地洞，开始通风排湿，此时烤房的气流状态与密闭状态时完全不同。

由于天窗地洞的开启，烟层中的气流和温湿度除受热源的影响外，还受进出烤房的空气流的影响。由进风洞进入烤房的空气携带火管散发出来的热量上升，经过烟层时将热量传递给烟叶。一部分热空气使烟叶的水分汽化，并带走烟叶汽化的水分，自天窗排出烤房。另一部分热气则在上升的过程中把热量传递给烟叶，自身温度降低，含湿量增大，重量增加，因而逐渐由上升变为向下移动，形成“逆流”。当下降到一定高度后，又遇到不断上升的热气流，二者混合后又继续上升，其中一部分从天窗排出，同样又会有一部分因变湿降温增加重量而下降。这就在烤房的中层，形成一个“冷气团”。这个低温气团的位置、大小、温度差异并不是固定的，它一般处于二层以上，五层以下。在火管排列不合理或火管厚薄不当时，低温气团将更为突出。由于低温气团的存在，就使气流上升式烤房在通风排湿状况下，下层烟叶温度最高，相对湿度最低；上层烟叶次之；中层烟叶湿度最大，温度最低，如表8-12。烘烤过程进入干筋期以后，由于烤房内水分减少，叶片已趋全部干燥，不再吸收更多的热量，同时叶片间空隙增大，气流通畅，有利于空气的对流，低温气团逐渐缩小，直至消失。

表 8-12　烘烤中烤房各棚次的温湿度　(℃)

烘烤		第一棚		第二棚		第三棚		第四棚		第五棚	
阶段	时间(小时)	干球	湿球	干球	湿球	干球	湿球	干球	湿球	干球	湿球
变黄期	4	38	36.5	36.5	35	36	35	35	34.8	35.5	34
	8	38.5	36.5	37	35	36.5	35.5	36	35.5	36	34.5
	12	39	38	38	36	37	35.5	37	36	36.5	35
	16	39	36	37.5	39	37	36	36	35.5	36.5	35
	20	42	39	40.5	37	39	36.5	38.5	37	38.5	37
	24	44	41	42	38	41	38	36	37	39	36
	28	46	40	44.5	38.5	43	40.5	42.5	40	42.5	38.5
定色期	32	47	39.5	45.5	39.8	44	40	43.5	40	41.3	38
	36	47.8	39.5	46	39	44.7	41.5	44	40	44	39.3
	40	51	40	46.5	40.5	45.5	39.5	44	40	44	39
	44	53	41.5	50.5	40	46	39	46.5	40	46	39
	48	55	41.5	52	40.5	49	39	49.5	40.5	49.5	40
	52	58	42	56.5	42	54	41	50	40	49	40
干筋期	56	59		57		55	41	54	39.5	54	40
	60	68		66		64.5		63		58.8	
	64										
	68										
	72	74				72		72		70	

二、气流上升式烤房的类型和基本要求　气流上升式烤房的历史较长，自有烤烟以来，最早使用的就是气流上升式烤房。

(一)气流上升式烤房的类型：气流上升式烤房在长期的历史演变中，形成了各种各样的类型。

1. 依挂烟方式分类：烤房内挂烟方法可分为竹竿挂烟和绳索挂烟两种。前者使用极为普遍，后者仅东北烟区有一些。竹竿挂烟时，烤房内要装设挂烟横梁，并依烤房大小和高低设若干棚次，一般每棚次挂烟两路或三路（微型烤房仅挂一路）。绳索挂烟，烤房中不装设挂烟梁，而只在烤房相对的两面墙上固定木杆，钉上铁钉，供拴拉挂烟绳索。

2. 依装烟容量分类：烤房容量因种烟面积而定，其差异很大，小的20～30竿，大的可达千余竿，一般常用的为400～500竿中型烤房。近几年来，随着农村经济组织形式的改革，适于种植3～5亩烤烟面积的150竿左右的小型烤房则更受欢迎。烤房过小，烟叶所处的环境湿度难于保持，且烤房内的温度也易受外界气候条件的干扰，同时耗煤量较高，燃料浪费较严重；烤房过大，虽节约燃料，耗煤量较低，但装卸烟比较困难，装满一炕烟，往往拖延时间较长，加之大烤房容量大，控制温湿度不如小些的烤房灵活，所以烤烟质量难于得到保证。

3. 依热源种类分类：我国烟区辽阔，燃料各异，大都以煤或木柴为燃料，个别地方利用电力。我国南北方煤质差别很大，有烟煤、无烟煤、煤矸石、褐煤、泥煤等，也有用焦炭的烤房。国外烤烟多用液体和气体燃料，采用特制的燃烧器给烤房加热，火力及温度湿度控制方便，操作灵活，劳动强度大大减轻。

4. 依火管类型分类：火管材料种类繁多，如土坯管、瓦管、陶瓷管、砂锅管、铸铁管及铁皮管等等。各种火管，大多是因地制宜，就地取材修建，各有优点。火管的排列也是多种多样，形式很多，如三条、四条、五条、七条、明三暗五、明四暗六、明五暗七以及盘旋火管等等。但使用五条火管及明三暗五的较为广泛。火管的设置方法由匍匐地面，逐渐改为底部垫空，又改为有一定坡度。当前，河南烟区提倡实行“缩短大龙（主火管）、降低坡度、改薄火管”的技术措施，可使烤房升温灵活，节约燃料，提高热能利用率。

5. 依烤房的形式与结构分类:烤房的形式可分为长方形和正方形两种。从建筑结构上分有用砖建的,用土坯砌的,有砖坯结合的,有麦草泥垛的,有用半干土夯建的,也有用高粱秆编成箔而后涂泥的,更简单的有用塑料薄膜围成的,以解决临时需要等等。如果按天窗、地洞的结构形式又可分为许多种,如热风进风、冷风进风等。近几年来,云南又对普通烤房增加了机械设备,实行机械通风,部分热风循环,一方面提高热能利用率,另一方面也提高了烟叶烘烤质量。

总之,烤房形式多种多样,但目前常见的有 400 竿中型烤房和 150 竿左右的小型烤房两种形式。装烟 3 路和 2 路,棚数 4～6 棚。火管大多为土坯管、陶瓷管、瓦管等。主火管短小,火管平走,分火岔分火后,水平或稍有坡度。

(二)对气流上升式烤房的要求

第一,容量适宜。烤房容量的一般规律是,烤房装烟量越大,热容量越大,室内温度越不易受外界气候条件变化的干扰,因而较为稳定。同时,由于容量大,单位重量烟叶所占据的烤房围护结构面积和烤房空间的数量小,所以它相应地能节约燃料。但是,烤房规模过大,必然造成烘烤环境各局部温湿度不一致,甚至差异很大,并且烤房热容量大、升温不灵活,排湿也难于控制得当。较小的烤房则相反。实践证明,长宽各 4 米,挂烟 6～7 棚,装烟 400 竿左右的烤房,能够满足 10 亩左右烤叶的需要。在种植面积 3～5 亩的情况下,烤房长宽各为 2.83 米,挂烟 5～6 棚,装烟 150 竿左右是比较合适的。

第二,围护结构和供热系统要具有良好的升温保湿性能,室内平面温度基本均匀一致,温差小。

第三,作为供热系统的火炉、火管、烟囱的形状大小、厚薄、位置、长短、结构、坡度等,设计和砌制要合理,能节约燃料，操作方便，控制灵活。

第四，由天窗、地洞组成的通风排湿系统，大小、位置、形态、结构等装置合理，调节方便，使烤房保湿能力好，通风排湿畅通，不易受外界气候变化（如风雨）的直接影响。

第五，门窗位置要适当，关闭后严密不漏气，开关灵活。

第六，建筑材料能就地取材，因地制宜，建筑成本低。

第七，位置适中，便于运输，具有绑烟作业和烤后烟叶回潮的场地。

三、气流上升式烤房的建造 自然通风气流上升式烤房的外形如图 8-9。

（一）基本建筑结构

1. 墙体结构：烤房与普通民房建造大体相同，墙除了要求防风坚固耐用外，更重要的是严密保温，因此建筑材料与结构形式，以导热系数小为佳。常见烤房的墙体结构有：砖墙、土坯墙、麦草泥垛墙、半干土夯墙、砖坯结合的里生外熟空心墙。

据郑州烟草研究所对几种结构类型的烤房墙测定结果（如表 8-13），可以看出烤房墙壁结构类型不同，烤房的保温性能不同，受外界气候的影响也不同。空心墙保温性能最好，

表 8-13 不同烤房墙壁结构的保温性能

墙壁结构	砖 墙	土坯墙	麦秸泥垛墙	里生外熟空心墙
墙厚（米）	0.38	0.50	0.50	里面坯厚 0.25，空心 0.13 外面砖厚 0.12，共计 0.5
墙壁内温度（℃）	54	60	59	58
烤房外表温度（℃）	34	30	24	26
室外气温（℃）	29	24	22	25.2

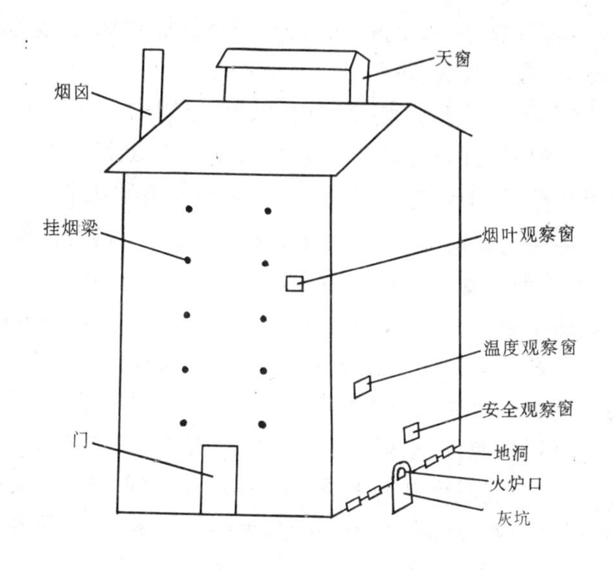

图 8-9 气流上升式烤房外形

其墙外表面温度最接近室外气温(热力由烤房内向外壁传导，并向大气散发热量最小，热量损失最小)，麦秸泥垛墙次之，砖墙较差(因砖的导热系数较大，墙壁厚度也较小)，土坯墙最差。需要说明的是，里生外熟空心墙中，填充炉渣等导热系数小的材料，称为空心填充墙。这种墙由于是非均质材料组成的复合壁，其导热系数小，因此保温性能良好。麦秸泥垛墙中，由于麦秸属于维管多孔物质，它的存在，在一定程度上阻碍了墙体中纯土质的热传导，从而表现出较好的保温性能。根据传热学中"导热量与墙壁的厚度成反比"的原理，相同的材料，适当地增加厚度，也可以相对地减少导热量，提高保温能力，所以烤房墙壁的厚度，在条件允许的条件下，宜厚不宜薄。

由上述情况可知，烤房的保温性能与建设材料本身的性质（导热系数）关系很大。常见材料有膨胀珍珠岩、膨胀蛭石、硅藻土砖、粉煤灰砖等。

2. 烤房的房顶：要求防雨，保温，坚固耐用。房顶的形式，有起脊和平顶两种。起脊的房顶，是在房架上钉上檩子后再铺上用高粱秆编成的箔，涂上10厘米厚的麦草泥作为保温层，最后再铺瓦或铺上20厘米厚的麦草。这种结构的保温性能良好，但若最上层采用的是麦草时，使用数年后需要进行更换，以防漏雨或漏气。在房脊上或两坡上安装排气窗，采用直立形式的为好。有的烤房在顶部设有顶棚，顶棚上安设排气窗，则在山墙上或房坡上留下足够的排气面积。房顶采用平顶的，其建筑材料来源，应根据当地的实际情况立足于本地，如采用混凝土结构（混凝土结构保温性能差）上面铺10厘米厚的白灰、炉渣、粘土组成的三合土，夯实，增强保温效果。也可在墙外体筑成后，平放木杆数根，木杆上钉檩子（或铺板），并铺高粱秸箔（或紫穗槐编的箔），再在上面铺三合土15～20厘米，夯实。平顶烤房的房顶横梁，所用的木料大小，应根据跨度的大小而定。跨度大，木料应大些，跨度小，可适当小些。另外在建造平顶烤房时，应事先确定天窗的位置，并留足排气窗面积，一般小型烤房设1～2个天窗口，中型烤房设4～5个天窗口。需要指出的是，平顶烤房上顶压力大，木料长期处于高湿环境中，易变形凹陷，使用木料的品种和大小必须作充分的估计。再者，平顶烤房，室内烟叶层最上部空间小，排湿不如脊顶畅通，所以建造平顶烤房时，配置天窗要比脊顶高一些。

3. 门窗：烤房的门是装烟、卸烟作业或观察烟叶变化的通道。通常一座烤房设置1个门即可。门高1.6～1.7米，宽

60～80 厘米。在东北等烟区,大型的烤房往往设置 1 个大门,并在大门上安置 1 个小门,装卸烟时开启大门,观察烟叶时仅开小门。对门的要求是严密保温,并尽可能设置在避风、向阳面,因门的位置不当和安装不严密或不合理,会造成热量渗漏损失严重或环境温度变化,对烤烟房内干扰太大,不能保证烟叶的烘烤质量。

烤房的观察窗可分为火龙观察窗(或称安全观察窗),温度观察窗和烟叶变化观察窗 3 种。500 竿以下的烤房,一般各设 1 个,大型烤房为了确切地观察各层次烟叶的变化情况,可以多设置 1～2 个,位于不同层次。

火龙观察窗设于底层以下的火炉门旁,距地面高 70～80 厘米。用于观察火龙有无破裂以及有无落叶、落竿,以免发生火灾。这种窗横断面呈梯形,外窄内宽,以免墙壁阻挡视线,便于观察整个烤房中的火龙情况,宽高为 40～50 厘米×30 厘米。

温度观察窗处于一层和二层烟叶之间,距墙脚 1.5 米,窗框上方与挂烟竿相平,宽高为 20 厘米×30 厘米,装双层玻璃,在窗框上方开一个小孔,插入一根长 2 米的竹片或小竹竿,竹片伸入烤房一端挂温度计。同时竹片上用铁丝做一小圈,套在由窗引至烤房内的铁丝导轨上,观察温度时抽出竹竿,温度计随着竹片在导轨上由内拉出窗口,观察后仍然将温度计推入烤房内,这样所观察到的温度(即烤房内的温度),不受墙壁散热或进风洞冷空气的影响。

烟叶变化观察窗,一般开在烤房的 4～5 棚(或 3～4 棚)烟叶之间,用于观察上层烟叶的变化情况,其宽高同上。对于层次较多的大型烤房,还可以多开几个,以便观察。

所有的观察窗,都应内装玻璃,外设木门,以便保温。窗的规格尺寸，无严格要求，但不宜过大。

4. 挂烟设备：用竹竿挂烟的挂烟设备，通常称为挂烟梁、行条等，各地叫法不一。它是用直径12厘米左右的木杆，两端插入墙内而成。气流上升式烤房挂烟梁的层数一般为6～7层，层间距离按当地常年烟叶的长度而定，通常为60～70厘米。同层挂梁之间的横向距离，根据烤房的长度及竹竿的长度而定。烤房室内面积4米×4米的中型烤房挂烟3路，杆距为1.33米（通常挂烟竹竿长1.5米）。

底棚挂烟梁距地面的高度，对烤好底棚烟叶至关重要。底棚烟叶距火管最近，受火管的辐射热最多，距离过近，烟叶温度高，易烤出青黄烟；若距离过远，则势必增加烤房建筑高度，空间利用率较低。据黑白球温度计测定辐射热的结果认为，土坯火管的烤房，底棚烟叶的叶尖与火管表面的距离，应有70厘米以上。加上火管的高度和烟叶长度，底棚挂烟梁距地面的高度应有170厘米以上；采用陶瓷管，底棚距地面高度应有180～200厘米；若为铁皮火管，由于它的辐射热更强，底棚距地面的高度应为200～220厘米。用绳索绑烟，烤房的中部不需设置挂烟梁，仅在相对面的墙上固定与上述相似的木杆，木杆层数及距离均与上述挂烟梁相同。木杆上钉铁钉，钉间距离即绳间距离，亦按上层密下层稀的原则，下层17～20厘米，中层14～17厘米，上层10～13厘米，但绳索挂烟由于重量使中部下垂呈弧形，因此底层距地面应略高，即相当于烟绳下沉的弧度。国外有的采用垂直方法挂烟，一般分为上下两层，每层顶部设挂烟梁，挂烟的距离应一致，无须上密下稀，其绳距可按14～17厘米考虑。

（二）气流上升式烤房的通风设备：在气流上升式烤房中，烟叶的脱水干燥是由进风洞进入的干空气，首先吸收和携带火管传出的热量，再传递给烟叶，从而汽化烟叶水分，和空气一起从天窗排出。很明显，天窗、地洞的结构形式合理与否，直接影响通风排湿的能力。

1. 天窗：天窗安装在烤房的顶端两侧或房脊上，其面积、高度、形式影响排湿性能。

(1)天窗高度：天窗距地洞的高度差越大，排湿能力和效果越好，反之则差。据理论上计算，天窗高度应有6米以上。生产实际中烤房高低不一，天窗上口距地洞中心的高度往往较低，实践认为天窗在炕顶必须有1～1.5米高度，才能满足通风排湿的需要。

(2)天窗面积：天窗面积越大，单位时间内排出湿热空气的数量越多。不少烟炕天窗过小，影响排湿，从而影响烤烟质量。理论和实际经验认为，天窗面积达到每百竿烟0.17～0.22米^{2}为宜。

(3)天窗结构和形式：天窗的结构形式直接关系到烤房是否能受到室外风的干扰影响。目前我国烟区烤房天窗的形式与结构样式很多。近几年来的研究和生产示范应用结果认为，屋脊式长天窗排湿效果好，通风排湿及时、顺畅、均匀，有利于保证和提高烟叶质量。

屋脊式长天窗采用双脊檩的房顶，安置在两条脊檩中间，如图8-10。

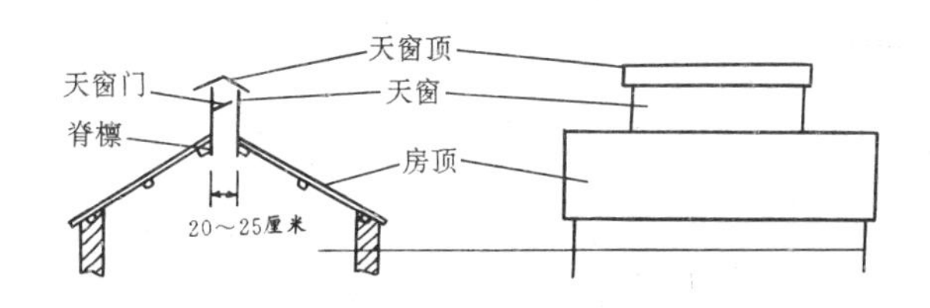

图8-10 长天窗安装的位置

长天窗的宽度以 20～25 厘米为宜，其长度依烤房容量大小而定。安装时需居房顶的中间。

2. 地洞：目前生产上采用的进风洞主要有冷风进风洞和热风进风洞两种形式。

(1)地洞面积：生产上地洞面积过小的情况很多，因而严重影响烤房的通风，降低烟叶质量。理论和实践的大量结果表明，地洞和天窗面积之比为 1∶1.6～1.8，即每百竿烟的地洞面积，应有 0.11～0.12 米^2 较为适合。

(2)热风进风洞形式：热风进风洞是指从烤房外进入烤房的冷空气首先在火管底部吸收热量进行加热，然后再上升到烤房空间(如图 8-11)。

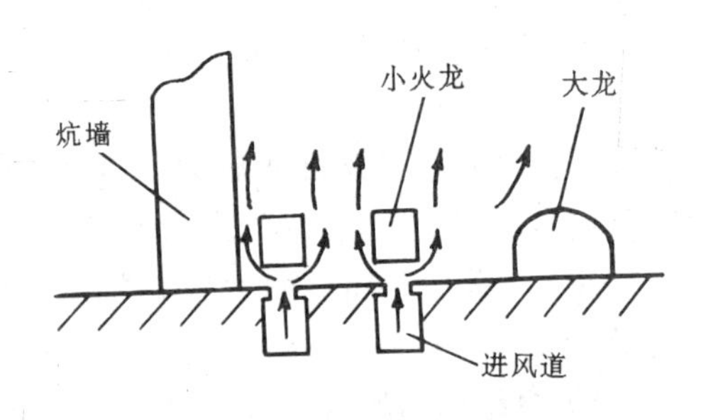

图 8-11　地道龙底进风示意图

热风进风洞有多种形式，这里仅介绍龙底进风的形式。

以 200 竿烤房为例，龙底进风的地洞结构如图 8-12 及图 8-13。

(三)气流上升式烤房的供热设备：烤房必须适时地供给一定量的热，才能保证烟叶烘烤各时期变化的需要，所以，供热设备是烤房的核心部分。设计和筑造的合理与否，直接影响烟叶烘烤效果和燃料的消耗。烤房供热系统包括火炉、火管、烟囱 3 部分。

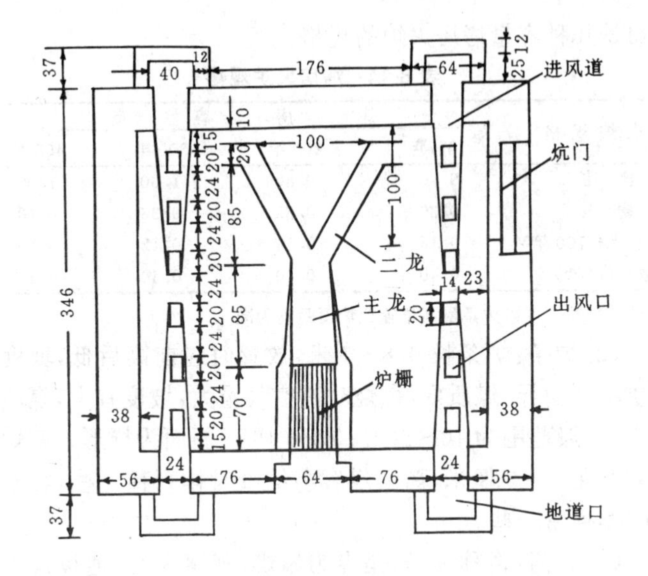

图 8-12　地道平面图　（厘米）

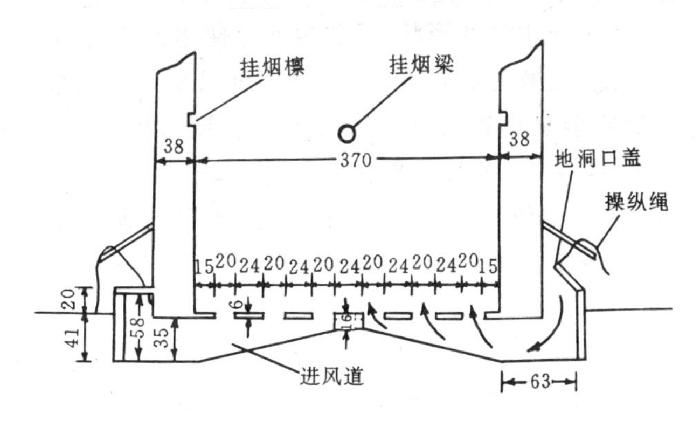

图 8-13　风道纵剖面图　（厘米）

1. 火　炉

(1)火炉的规格：火炉规格取决于烤房容量的大小。表

8-14是几种容量烤房火炉的规格。

表 8-14 烤房火炉规格

火炉规格	烤房容量			
	150 竿	200 竿	300 竿	400 竿
炉栅长	0.70	0.80	1.00	1.00
炉栅宽	0.30	0.35	0.36	0.40
面积(米^2/100 竿)	0.14	0.14	0.12	0.10
炉膛高度(米)	0.40	0.40	0.40	0.40

注:炉膛高度以炉条最高位置距炉顶距离为准

(2)炉条:炉条长 0.8～1 米,放置时应前高后低,坡度因煤质不同而异。煤质好,燃烧时需空气量大,坡度宜大,煤质差宜小,一般范围为 10～20%。梯形炉条(断面为梯形),两炉条排列间距 2～3 厘米,烤烟煤容易结渣时排列稀一些,容易流渣时排列密一些。

(3)炉门:俗称火门,是专为添煤、观察火势、通拨操作的小门,通常高 25 厘米,宽 20 厘米,应开启灵活,关闭严密。

(4)火炉和主管的形状:目前生产上使用的烤房,主火龙有腰鼓形式,或横截面呈梯形。火龙厚度以 8～10 厘米为宜,过厚会影响散热和热能的利用,主火管长度为烤房内长度的 1/2 较合适,即分火岔要设置在烤房的 1/2～2/3 处。

2. 火管:火管即高温燃气流(俗称“火”)流通的管道,俗称火龙。它多由土坯或陶瓷管修砌而成,是加热系统的散热装置。火管的形状、材质、厚薄、规格以及火管布局都会对烤房热效率及炕内温度均匀性产生较大影响。诸多烟区采用厚度为 4.5 厘米左右的土八砖(薄土坯)砌火管,也有采用砖、瓦砌制火管,或陶瓷圆形管作火管的,布局以明三暗五火龙(小型烤房)和内翻下扎五条火龙(中型烤房)应用较多。图 8-14、图 8-15、图 8-16、图 8-17 分别是这两种火管排列图。

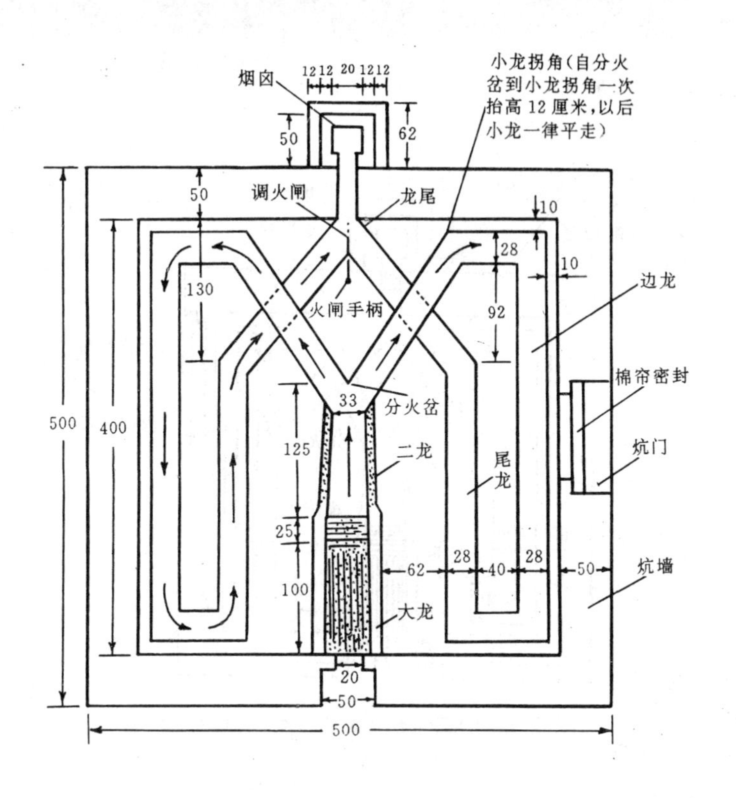

图 8-14　下扎式五条火龙分布图　（厘米）

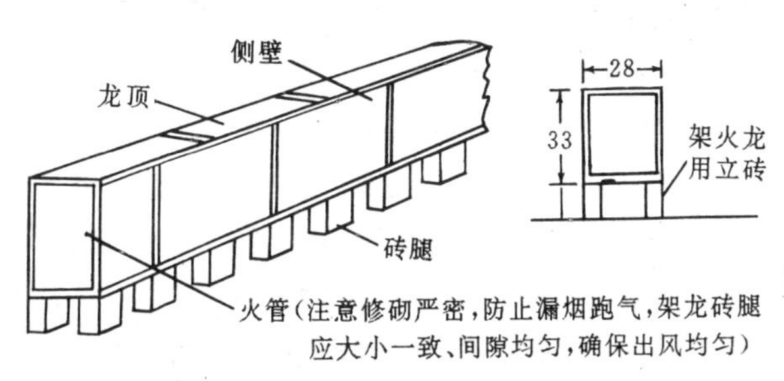

图 8-15　五条下扎火龙示意图　（厘米）

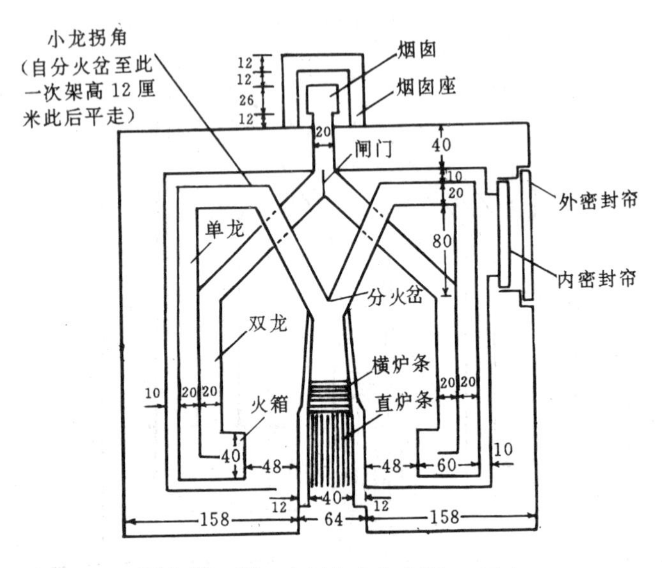

图 8-16 明三暗五火龙分布图 (厘米)

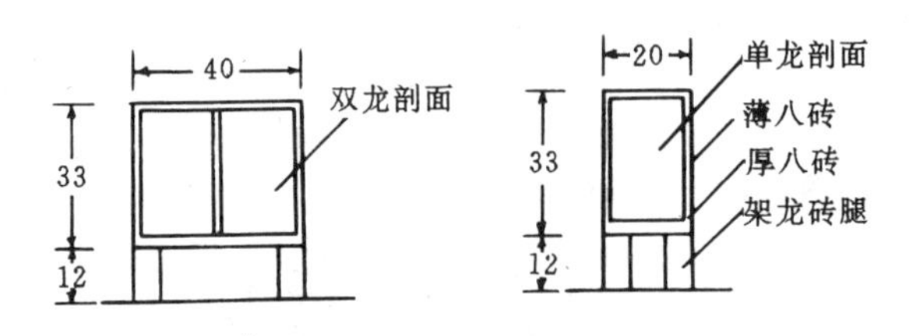

图 8-17 火龙剖面示意图 (厘米)

3. 烟囱:烟囱的作用是拔气抽风和排除燃料燃烧的剩余烟气。烟囱拔气抽风能力与烟囱高度呈正相关,一般认为,烟囱高度 6～6.5 米可以保证烤房火炉燃烧需要。生产中应用烤房 5～7 棚情况下,只要烟囱能超过房脊 50 厘米即可。烟囱上口为 18 厘米×18 厘米。施工时必须满灰满缝,内部要粉平抹严，尽量减少烟气流动阻力，不得漏气。烟囱基部，应设积灰坑，掏灰口（引火口）和一个能控制烟囱断面大小的活动铁片挡板，称为火闸。以挡板的插入和抽出，调整热量，达到最大限度地提高热能利用率，节约燃料的目的。

4. 砌制供热系统时需要注意的几个问题：

第一，砌筑火炉、火管要拉水平中线。烤房内的水平中线指从炉门中心至火管通入烟囱的出烟口。整个烤房内火管的排列以这一条水平中线为轴，左右对称，炉门口、主火管、分火岔、出烟口都要在中心线上。

第二，砌制火管要有一定的坡度。通常 400 竿左右的烤房，火管采用内翻下扎式五条火管排列，分火岔的坡度为 2～3%，边龙坡度 1～2%，尾龙平走。150 竿左右的烤房，采用明三暗五外翻或内翻式排列的火管，两侧的坡度由分火岔开始，到连接小龙结束，抬高 15 厘米左右即可。

第三，主火龙与分火岔接口处，主火龙口不得小于 30 厘米×30 厘米，否则影响炉膛内热烟气的流通。相应地，不管大烤房还是小烤房，小火管的口不得小于 20 厘米×30 厘米。

第四，两条小火管与烟囱下口连通时，必须单独与烟囱相通，如果两条火管连通后再与烟囱连通，就可能造成炉口倒烟，或者烤房内左右两侧温度不均匀。

第五，主火管、分火岔以及小火管内部接缝必须光滑严密，不得跑烟、漏气，烟囱的内壁也一定要严密。

第九章　烤烟分级

第一节　分级概述

根据我国和世界上一些生产烟草国家的经验，必须依不同的烟草类型，建立一套完整的、科学的分级系统，去适应各种烟制品生产的需要。一般做法按下述程序：分类→分型→分组→分级。

一、分类　按烟叶的调制方法和主要用途进行类别划分的过程就是分类。我国的烟叶分为烤烟、晒烟（晒红烟、晒黄烟）、晾烟、白肋、雪茄烟、斗烟、嚼烟等类。烤烟仅是诸多类型烟叶中的一类。

二、分型　由于烟草生长在不同生态区，在不同气候、土壤因素影响下，烟质的反映则有所差异。型的划分就是在研究这些因素综合影响规律的基础上，找出其共性，以便在较大范围内划出型。目前美国把烤烟分32个型。中国过去习惯地把烟叶分为浓香型、清香型和中间型。最近就全国范围内的烤烟种植，划分为7个Ⅰ级区和27个Ⅱ级区。与美国有关型的划分基本类似。

划分出型之后，该烟区就有可能相对稳定地生产某个型的烟叶。有明确的生产方向，就能逐步研究、总结、制定出比较完善的稳定的栽培方法和技术措施，促进原料生产不断地提高质量。反过来又为工业提供多类型的质量稳定的原料，以便工业合理利用。

三、分组　分组的目的是把不同性质的烟叶划分开，便于分清等级。综合国内外情况，运用于烤烟分组的因素主要有部位、颜色。厚度次之。其原因是：部位、颜色、厚度，在感官上有可分性，部位、颜色分开之后，厚度也基本被分开，所以，烤烟多选择部位和颜色为分组因素，厚度从侧面反映烟叶的部位和颜色。

（一）部位分组

1. 部位与质量规律

（1）下部烟叶：叶片比较薄，颜色浅淡，油分少，组织疏松。含糖量低，总氮及烟碱量低于中部，蛋白质偏低，灰分与 pH 值高于中部烟叶。燃烧快，吸湿性差，填充力高，含梗率高，单位叶面积重量轻，劲头小，刺激性大于中部而小于上部，味平淡，缺乏香气，杂气重。

（2）中部烟叶：叶组织细致，厚薄适中，颜色多为金黄、正黄，光泽鲜，色度强，油分多。糖分及树脂类、芳香油等有利成分含量高。总氮、不溶性氮、挥发性碱、灰分等不利成分含量低。烟碱含量、pH 值适中，燃烧快慢适中，吸湿性高于下部和上部烟叶，填充力小，弹性好，单位面积重量和含梗率居中。劲头适中，味醇和，近清香，刺激性最小，余味舒适，杂气轻。

（3）上部烟叶（包括上二棚、顶叶）：叶片较厚，组织较粗糙，颜色偏深，油分含量低于中部叶。糖分及芳香油、树脂类等高于下部而低于中部。总氮、不溶性氮、挥发性碱量高，灰分量也高于中部，pH 值低，燃烧性慢，吸湿性低于中部高于下部，填充性居中，含梗率低，劲头大，刺激性和杂气均较重，余味尚舒适，近浓香。

以上部位与质量规律，对不打顶的烟叶则例外，其原因是，不打顶烟叶烟碱含量随着部位的上升，呈递减趋势。

2. 不同部位的外观特征

(1)中下部烟叶:脉相较细到较粗,遮盖至微露,近尖处稍弯曲。叶形较宽,叶尖部较钝。叶面稍皱。厚度薄至稍厚。

(2)上部烟叶:脉相较粗至粗,较显露至突起。叶形较窄,叶尖部较锐。叶面稍皱褶至平坦。厚度稍厚至厚。

河南烟区科技人员把不同部位烟叶外观特征编成顺口溜:

土黄片薄筋细小,定是脚叶跑不了。

大筋弯弯小筋平,尖厚基薄下二棚。

大筋微露色金正,全身一致正当中。

大筋显露小筋拱,颜色深红上二棚。

大筋粗显色棕褐,叶面拉手是顶壳。

上部叶色深,下部叶色浅。

上部叶窄短,下部叶宽长。

上部叶尖锐,下部叶尖钝。

上部筋直紫梗,下部筋弯白虚。

当然,近年来提倡规范化种植,通过合理技术措施,上部叶会充分展开,变得宽大,叶尖也会变钝,同时,其他部位叶子也会出现不同的外观特征。所以,上述顺口溜具有一定局限性。

掌握了部位外观特征,易于对不同部位的烟叶分组。

烟农在采收、烘烤时,常做到按部位堆放,分组时自然地就把部位区分开了。

3. 部位划分的 3 个条件:①外观的可分性,须是通过感官可以识别的。②内在品质的差异幅度,应表现在影响使用价值的程度。③须符合客观要求和生产的可能性。

(二)颜色分组:调制后的烟叶表面,所呈现的色泽即为烟叶颜色。各类型烟叶颜色的深浅，受生产过程中多种因素影响，而起决定作用的是烟叶的色素，并取决于各种色素的比例。

1. 颜色与质量规律：不同颜色的烟叶，色、香、味各有特点，外观相似的烟叶，随颜色由浅到深，其香气质降低，香气量减弱，吃味变浓，杂气刺激性逐渐增加。但颜色过淡，叶片过薄，香气不佳，吃味变淡。不同颜色的烟叶物理性能也有区别。青烟的吸湿性和填充力均低于黄烟，而青杂气、刺激性重于黄烟。

2. 烟叶颜色的外观特征：颜色外观特征比较直观，可用肉眼直接感觉出来，最典型的有青烟、黄烟之分，青烟又有含青程度不同之分，黄烟有颜色深浅不同之分。

3. 颜色分组的原则：主要根据烟叶颜色的可分性，又能与内在质量相吻合。不同颜色组应有相对的独立性，即应有一定程度的内在质量差异，并对使用构成一定程度的影响。颜色分组还要符合工农业生产的需要和可能。

四、分级 烟叶按不同性质分组后，下一步就是分级。级的划分是依据"表里一致"的原则，即在烟叶内在质量与外观特征一致性的基础上予以区分。

(一)分级因素：用来衡量或划分等级的外观因素，称为分级因素。分级因素包括品质因素和控制因素。

1. 品质因素：说明和衡量烟叶外观质量或等级质量的因素称为品质因素。品质因素是衡量烟叶好坏的依据。如油分、成熟度、叶片结构、色泽等，它是烟叶本身固有的因素。

2. 控制因素：影响烟叶外观质量或等级质量的因素称为控制因素，它不是烟叶本身所固有的，是影响品质好坏的因素。如杂色、残伤、破损等。但它直接影响烟叶的外观和内在质量。因此,品质因素是按照等级的高低规定不同的技术指标,而控制因素则是根据等级的高低,予以不同比例的限制,使烟叶等级质量控制在一定水平上,保持相对稳定的质量水平。

必须指出,分组因素、分级因素是某个时期生产水平的产物,随着技术水平的提高,是在不断完善和更新着的。

第二节　15级制国家烤烟分级标准

一、分组　现行15级制国家烤烟分级标准,综合部位、颜色为分组因素,并把二者结合起来使用,将烤烟分为3个组,即中下部黄烟组、上部黄烟组和青黄烟组。

二、分级　现行15级制国家烤烟分级标准选用了如下分级因素:成熟度、身份(油分、厚度、叶片结构)、色泽(颜色、光泽)、叶片长度;杂色、残伤、破损。将每个因素划分成不同档次,见表9-1。

表9-1　烤烟分级因素档次

分级因素			档次			
			1	2	3	4
成熟度			成熟	尚熟	未熟	
身份	油分		多	较多	稍有	
	厚度		适中、稍厚	尚适中、较厚	薄	
	叶片结构		疏	稍疏	松、密	
色泽	颜色	黄色	金黄、橘黄	正黄	深黄红黄(上部)	棕黄(上部)
		青黄色	黄带浮青	黄多青少	青多黄少	
	光泽		强	较强	弱	
杂色	程度		轻微杂色	稍带小花片	较多小花片或稍带大花片	较多大花片
	面积		以百分数表示			
残伤			以百分数表示			
破损			以百分数表示			

三、各等级品质规定 根据分级因素及档次，把中下部黄烟组分为6个级别，上部黄烟组分为5个级别，青黄烟组分为3个级别，外加一个末级，共15级，各级品质规定见表9-2。

四、分级因素的区分

（一）成熟度：包括田间成熟采收成熟度和分级成熟度，田间成熟采收成熟度第八章已述及，这里主要谈分级成熟度，即烤后烟叶的成熟程度，是田间成熟采收成熟度一定程度的体现。二者的关系是，田间成熟度高，烤后成熟度就高，采收不够成熟的烟叶烤后成熟度也较低。当然这些成熟度较低的烟叶经过合理烘烤可能会出现正常成熟叶的颜色，而采收成熟度高的烟叶，若烘烤不当，也会出现类似未熟烟叶烤后的青色，但这些叶子的组织结构与正常情况下的叶子是有差别的。

成熟度划分为：成熟、尚熟、过熟、未熟4个档次。

1. 成熟：烟叶已达充分发育，并达到充分成熟。外观特征具备了黄色烟的基本色，叶片表、背面色泽相似，支脉显明，叶面皱，柔而不腻，韧而不脆，弹性好，色泽饱和，光泽较强，加压不易粘结，无虚飘之感。

2. 尚熟：叶已达充分发育，但刚成熟。烤后外观颜色多浅色，可能带有黄片青筋，叶细胞尚未疏开，组织略密，有韧性，弹性略差，略有平滑部分，光泽中等，有分量。

3. 过熟：即过度成熟的叶片。烤后外观片薄色淡，叶片空虚脆弱，弹性差，光泽暗，可能有干尖干边现象。

4. 未熟：指青黄色或发育不完全的烟叶。烤后外观弹性差，色泽弱，叶片结构紧密，有硬实感或光滑感，多带青色。如青黄色组烟叶。

（二）身　份

1. 油分：是指烟叶组织细胞内含有的一种柔软半液体或液体物质。反映在外观上有油润和枯燥的感觉，即该物质充实或贫乏的程度。根据烟叶中含量多少，将油分分为以下 4 个档次。

多——叶片韧性强，弹性好，手握松开后恢复能力强，耐拉力好，叶表面有油性反映。

较多——有韧性，弹性较好，耐拉力尚好，叶表面尚有油性反映。

有——尚有一定的韧性和油性，尚耐拉力，手摸叶表面油性反映不太显露。

稍有——韧性与弹性明显减弱，耐拉力弱，显示不出油性的反映。

油分足的烟叶，眼看油汪汪，明亮亮，手摸柔润、滑腻、丰满。油分差的烟叶眼看枯燥，手摸感到硬脆，不柔软，叶片过薄或过厚。鉴别时对具有一定水分的烟叶，以手摸为主。在烟叶比较干燥的情况下以眼观为主。

2. 厚度：烟叶的厚薄随品种、部位、成熟度而变化。根据烟叶厚薄度，以感官觉察的差异，将中下部烟叶分为：适中、尚适中、稍薄、薄；将上部烟叶分为：稍厚、较厚、厚。目前对厚度的使用，还无量的指标，靠手摸眼观鉴别。

3. 叶片结构：指烟叶细胞排列的状态和密度。反映在外观上，有疏、松、密不同程度。与成熟度、部位密切相关。

疏——指正常成熟叶片细胞排列的松弛程度或孔度。

松——比上述疏的细胞间隙扩大，一般烟叶发育也达到成熟，但韧性差，缺乏弹性，有脆弱之感。

密——多指上部烟叶，细胞间隙小，排列致密。

在上述3个主要档次的基础上，各加“稍”字，即稍疏、稍松、稍密，作为定级档次。

叶片结构没有量的指标，鉴别以眼感手摸相结合的方法，但偏重于手感。手摸柔滑不拉手，眼看细脉无明显突起，即是疏的烟叶；松的烟叶手摸拉手，凸凹不平，叶质硬脆，叶脉发白轻飘，有干物缺乏感。颜色浅淡，油分少，一般下部叶多具有这种叶片结构。密的烟叶，手摸也拉手，凸凹不平，但无轻飘硬脆的感觉，颜色深，叶片厚，一般上部叶多具有这种结构。

（三）色泽：包括颜色和光泽两个因素。

1. 颜色：指烟叶经调制后呈现的色相。颜色受部位、品种、成熟度、调制方法、烤后处理以及堆放时间等因素影响。烤烟调制后的基本颜色是黄色和青黄色，在分组过程中已把二者分为两组。对黄色烟依黄色深浅规定为：金、橘、正、淡、深、红、棕7个档次。将青黄烟按含青度规定为：黄带浮青、黄多青少、青黄、青多黄少4个档次。随含青度增加，各项化学和物理性状均下降，因此，标准规定，任何一个分级因素达不到某级要求时，要定为下一级。

2. 光泽：指一种颜色的洁净度或明暗度，亦即颜色对视觉反映的强弱。根据这种强弱分为：强、较强、中等、弱4个档次。高质量的烟叶，要求色泽饱和而不过鲜艳。光泽与油分密切相关。

强——指颜色达到饱和状态，色泽均匀，对视觉反映强。

中——色的饱和度未达到，色泽在叶片上出现深浅不一。对视觉反映比强弱些。

弱——色泽饱和度极低，色淡，视觉反映弱。

在实际工作中，主要靠眼感判定，区分烟叶色彩鲜明或灰暗的程度。

（四）叶片长度：从叶基到叶尖的直线长度。标准规定：上等烟叶长度 40 厘米以上；中等烟叶 35 厘米以上；下等烟叶 30 厘米以上；低等烟叶 25 厘米以上。这里无宽度要求。美国规定最长叶为 50.8 厘米，最短叶 40.64 厘米。巴西规定最长叶要 50.4 厘米。因叶片大小与细胞大小、排列相关，叶大细胞大排列疏。烟叶燃烧性似与组织细胞的大小及化学组成有关。规定叶片长度可进一步提高总的质量水平，有利于推广新技术。因此，中国烟草总公司决定：其他品质因素达到了某级要求，但叶长相差在 5 厘米以内者可在下一级定级。

叶片长度的鉴别，主要靠手、眼估测，也可借助尺来精确测量。

（五）杂色：指烟叶表面存在的与基本色不同的颜色斑块。如局部挂灰、烤红、潮红、洇筋、蒸片等。标准把杂色分为：轻微杂色、稍带小花片、小花片、较多小花片或稍带大花片、较多大花片 5 档。并规定，上等烟要求轻微杂色；中等烟稍带小花片或小花片。低次烟杂色要求较低。杂色与残伤合并在叶面上占总面积和存在程度限制在 7～55％。

（六）残伤：是指烟叶组织受到破坏，大部分失去成丝的韧性和坚实性或杂色透过叶背，使组织受到破坏。如病斑、枯焦、严重蒸片（褐片）。残伤对烟叶质量影响较大，标准中的运用是以百分数作限制，范围由 5～40％，等级不同，对残伤要求不同。杂色、残伤同时存在于一张烟叶上（而残伤面积未超过该级规定）时，残伤面积应包括在杂色面积内，二者所占面积加起来计为杂色面积。若超出了某级的残伤规定，须定为下一级。

（七）破损：指烟叶损缺了一部分，失去了完整度，但尚有五成以上完好者。如机械损伤、虫洞（不包括蚜虫为害）、冰雹伤等。标准没有对破损具体规定，但在交接、流通过程中，要求自然碎片不大于3%，上等烟（中黄1、2级，上黄1级）破损率不大于5%，末级不大于25%，其他各级不大于15%。为避免优质烟叶因破损而劣用，验收时，以把内烟叶应有的总面积为基数，破损面积与之相比，相对地缩小了破损面积的百分比率，实际上是对破损有所放宽。

标准中分级因素的综合掌握，上等烟（中一、中二、上一）都要求成熟、轻微杂色、疏或稍疏的叶片，叶长在40厘米以上。中一、中二要求厚薄适中的叶片，上一要求稍厚的叶片。

中等烟（中三、中四、上二、上三、青一）要求成熟、尚熟（青一未熟）、稍松或稍密的叶片结构，叶长在35厘米以上。杂色残伤面积都是稍带小花片，青一和中三、上二要求不大于20%，中四要求25%，上三要求30%。残伤面积超过40%者不得定级（末级以下）。

现行的15级制标准，各个等级都有品质要求，可以看出，叶长、油分等常规的品质因素和杂色、残伤、破损控制因素，一个档次的烟叶要求大致相同。

表 9-2 15级制烤烟分级标准

组别	级别	代号	成熟度	身份			色泽		叶片长度(厘米)>	杂色与残伤②		
				油分	厚度	叶片结构	颜色①	光泽		杂色允许程度	允许占总叶面积的%	其中残伤允许占叶面%
中下部黄色	中黄1	ZH1	成熟	多	适中	疏	金黄、橘黄	强	40	轻微杂色	7	5
	中黄2	ZH2	成熟	较多	适中	疏	正黄、金黄	较强	40	轻微杂色	10	7
	中黄3	ZH3	成熟	有	尚适中	稍松	淡黄、正黄	较强	35	稍带小花片	20	15
	中黄4	ZH4	尚熟	稍有	稍薄	稍松	一淡黄	中等	35	小花片	25	20
	中黄5	ZH5	尚熟	稍有	薄	松	一淡黄	弱	30	较多小花片或稍带大花片	35	30
	中黄6	ZH6	尚熟	一	薄	松	一	一	25	较多大花片	50	35
上部黄色	上黄1	SH1	成熟	较多	稍厚	稍疏	橘黄、深黄	较强	40	轻微杂色	10	7
	上黄2	SH2	成熟	有	稍厚	稍密	一深黄	中等	35	稍带小花片	20	15
	上黄3	SH3	尚熟	稍有	较厚	稍密	一红黄	中等	35	小花片	30	20
	上黄4	SH4	尚熟	稍有	厚	密	一棕黄	弱	30	较多小花片或稍带大花片	40	25
	上黄5	SH5	尚熟	一	厚	密	一	一	25	较多大花片	55	35
青黄色	青黄1	QH1	未熟	有	尚适中一稍厚	稍松、稍密	黄带浮青	较强	35	稍带小花片	20	15
	青黄2	QH2	未熟	稍有	稍薄一稍厚	稍松、稍密	黄多青少	中等	30	小花片	25	20
	青黄3	QH3	未熟	一	薄一厚	松、密	青黄	弱	25	较多小花片或稍带大花片	30	25
	末级	MJ	一	青多黄少、褐片灰片、严重花片								40

注:①凡颜色前有“一”者,其色为等级的低限色;其余有“一”者,均视为无具体要求②在破损烟叶上的杂色与残伤的百分比按实际烟叶面积计算

附:有关术语的解释

1. 颜色:

黄带浮青:指黄色烟叶表面浮现有青色,浮青部分在八成黄以上。

黄多青少:黄色程度六成至八成。

青黄:黄色程度在三至六成。

青多黄少:黄色程度在一至三成。

2. 杂色:

轻微杂色:对全叶光泽鲜明程度影响不明显。

稍带小花片:指烟叶表面具有相同颜色的小花块,对全叶光泽鲜明程度影响不显著。

小花片:指烟叶表面具有不同颜色的小花块,对全叶光泽鲜明程度稍有影响,烟叶基本色尚不受影响。

较多小花片或稍带大花片:指烟叶表面出现较多的小花块或稍带积聚成片的大花块,对全叶光泽鲜明程度有显著影响,烟叶基本色受影响。

较多大花片:指烟叶表面花片面积较大,基本色严重受影响,光泽弱而暗。

3. 挂灰:

轻度挂灰:指叶片隐约可见疏散状挂灰,其边缘不明显,对基本色影响不明显。

中度挂灰:指烟叶表面挂灰积聚成片,但尚显基本色。

较严重挂灰:指烟叶表面挂灰积聚成浓厚灰褐色,基本色严重受影响。

灰片:指挂灰严重,分布到全叶,基本色大部分受遮盖,而未透过叶背面。

4. 褐片:指叶面呈现严重褐色而不显黄者。

5. 褪色烟：指失去正常应有的色泽，表现为叶面灰黄发白，背面灰白色，色泽暗淡。

6. 几种烟叶处理原则：①面积较大的烤红、潮红和面积较大、程度较轻的挂灰，不按杂色百分比处理，应根据其影响品质的程度定级；大面积中度挂灰，限于中黄5级和上黄4级以下定级；程度较严重的挂灰限于中黄6级、上黄5级以下定级（含该级，下同）。②褪色烟叶，限于中黄4级、上黄3级以上定级。③蚜虫损害烟叶，按其影响品质程度适当定级。④不符合标准的级外烟叶、青片、霜冻烟叶、碎叶、轻微霉变烟叶，属不列级。⑤熄火烟叶，指阴燃持续时间少于2秒者（检验方法见247页），属不列级。⑥烤烟成熟度、油分、厚度、叶片结构、颜色、光泽、叶片长度都达到某级时，才定为某级。残伤、杂色、破损为控制指标，不得超过规定百分比。⑦对外出口烤烟以标准为基础，如有特殊要求，可按协议办理。

五、烤烟规格　规格是指对烟叶商品某些指标的规定。如水分、砂土率、纯度允差、扎把等统属规格。在复杂的经营过程中，只有统一商品的规格才能确保烟叶商品经营过程的顺利进行。

（一）烟叶水分：烟叶含水量通常在生产中简称水分。用含水率（含湿率）表示。

一般初烤烟要求含水率在16～18%，掌握在17%左右，当然要视环境条件具体掌握。复烤烟11～13%，掌握在12%左右。在秋分前，由于空气湿度较大，可适当降低收购含水分规格，原烟掌握在16%左右，复烤烟掌握在11%左右。秋分后，环境湿度较小，可适当提高含水分规格，原烟掌握在18%左右，复烤烟掌握在13%左右。地区不同，也可因地制宜。

1. 烘箱法鉴定烟叶的水分

$$烟叶含水率=\frac{烘前样品重-烘后样品重}{烘前样品重}\times 100\%$$

即把烟叶称量后于烘箱中(100±2℃,2 小时)烘去烟叶中的水分,然后称重,求出含水率。

2. 感官判断:主要是靠手摸来判定烟叶水分。通常把烟叶含水量分成 5 个档次。

干:烟筋硬脆易断,手握沙沙响,叶片易碎,含水量 15%左右。

稍干:烟筋稍脆易断,手握有响声,叶片稍碎,含水量 16%左右。

适宜:烟筋稍软不易断,手握有响声,叶不碎,含水量 17%左右。

稍潮:烟筋稍韧不易断,叶片柔软,手握响声微弱,含水量 18%左右。

潮:烟筋很韧,折不断,叶片柔软,手握无响声。含水量 19%左右。

在分级操作中,水分的测定一般以手摸为主,若有争议,可借助仪器测定,并规定水分测定以烘箱法为准。

目前有些烟厂、仓库有使用高压测阻或测流的方法,在仪器上转化为水分含量。

(二)砂土率:指调制后的烟叶自然粘附的尘土重量与叶片重量的百分比率即砂土率。砂土主要影响环境卫生和吸食者健康。

1. 砂土率的指标:以不超过某个限度为准。复烤烟砂土率要求 1%。初烤烟:中黄 1、2、3、4 级;上黄 1、2、3、4、5 级;青黄 1 级为 1.1%。中黄 5、6 级,青黄 2、3 级、末级为 2%。底脚叶各等级单独成包者，自然砂土率按规定放宽1%。

2. 砂土率的检验：手摇无砂土落下即可达到规定要求。若砂土落下，在分级扎把时，把它摇至无砂土落下即为合格。

比较精确的测定方法是用毛刷刷下，在感量1/1000的天平上称重。毛刷宽100毫米，猪鬃长70毫米左右。分离筛孔径0.25毫米(1平方英寸60孔)，附筛盖和筛底。

方法：从送检样品中均匀取两个平行试样，每个样重400～600克，称重后，在油光纸上将烟把解开，用毛刷逐片正反两面各轻刷5～8次，将刷下的砂土通过分离筛，至筛不下为止。将筛下的砂土称重，记录重量。按下式计算。

$$砂土率=\frac{砂土重}{试样重}\times 100\%$$

(三)纯度允差：指把内混上下一级的允许程度。由于分级是建立在感官基础上的，不可能绝对标准无误，只有把允许度限制在某个水平上，才能保证烟叶等级质量的稳定。一般上等烟(中黄1、2，上黄1)以10%为限，中等烟(中黄3、4，上黄2、3，青黄1)15%为限，下低等烟20%。

纯度允差规定的范围是指混上下一级的总和，不允许只高不低和只低不高。如果上混和下混超过了两个等级则为越级现象。

(四)扎把：商品烟叶必须扎把，才便于出售、成包和复烤。扎把方式之一是平推把：把叶片伸开叠放整齐，用木板压紧。这种方法较费工，经打包、运输、储运工序后，烟叶容易压伤出油变质，但容易分清烟叶质量和鉴别等级。自然把是国家标准规定的一种扎把方式，扎把时叶柄对齐，叶面半露，叶尖伸直，扎把均匀一致，把头周长100～120毫米，宽度不大于50毫米，扎把材料须用同级烤烟，必须扎牢。不能将烟柄顶端包住，把头不得夹烟皮、烟梗、烟杈、碎烟或非烟草的各种异物。

六、实物样品

(一)实物样品种类:目前,烟叶分级主要还是感官判定。仅有文字标准是不够的。在执行时,还必须辅之以文字标准为基础制订的实物样品。按性质分为:

1. 代表性样品:它代表某个等级的状况,包括该级较好的和较差的烟叶。使用时有两种情况,一种是要求整批烟叶中,较差较好的烟叶所占比重应与该级实物样品中较好较差的比重相符。另一种是不管比重如何,只要与样品中某一张叶片"对得上"就算符合等级要求。

2. 界限样品:是符合某等级质量最低限的样品,使用时只要符合或超过某等级实物样品质量而达不到上一个等级质量者,就算符合某个等级。

3. 标准样品:属代表性样品,它是以某等级的中等质量烟叶为主,还包括符合该级较好、较差(即上限、下限)的烟叶,而且其数量应大致相同。要求样品综合反映某等级的各项品质因素,反映该等级烟叶的质量面貌。使用时以样品的总质量水平作对照。

(二)实物样品的制订

1. 样品与文字标准的关系:一般以文字标准为主,文字标准一般为最低限,制样时,不能将品质因素和控制因素都卡在低限上,否则,样品就没有代表性了。样品应以中等质量为主。如中一,要求金黄、橘黄,仅有颜色还不够,其他分级因素达不到该级要求时,要定为下一级。烤烟标准中的技术要求所加的有关附注,一般不作为制订样品的依据,附注主要是照顾一些可能出现的实际问题,不是等级本身的必要条件。

2. 实物样品的制订程序:按制订程序划分。

(1)基本样品:代表各烟区在一定时期内总质量水平的集中权衡,由国家标准机构、管理机构组织有关人员,采用当年或上一年生产的烟叶,根据文字标准制订,经有关部门审订,报国家标准管理机构备案,并委托有关单位储存保管。如发现情况变化,须重新制订。基本样品一般每3年更新1次。

(2)仿制样品:由各产烟区制订的当年执行样品,叫仿制样品。由省市区有关部门共同仿照国家制订的基本样品仿制。制订过程中要逐级仿制,做到每个收购点,都有仿制样品。仿制样品每年制订1次。

(3)制订规则:实物样品的制订,以中等质量为主,包括较好、较差的叶片,数量应大致相同;等级较差的叶片,各项分级因素,均不得低于文字标准中的规定。等级间一定要拉开距离,不得上下交叉。每把20～25片,不属特殊情况,不得过多或过少。由主管部门审批盖章加封时,封签上注明等级、叶片数目及时间。制样时,若烟叶有困难,允许利用上一年烟叶,颜色、光泽与文字标准可稍有出入,但必须注明,可不包括杂色、残伤和破损,因为控制因素不是各级应具备的因素。

七、包装、标志、运输和保管

(一)包装:是确保商品烟叶安全,便于运输、储存、加工的基础条件。只有对商品烟叶进行完好的包装,才能促成商品烟叶经营管理的顺利进行。

第一,每包须是同一产区,同一类型,同一等级的烟叶。

第二,包内不得有任何杂物和霉变,必须清洁、干燥、牢固、无异味。目前包装品有草席、麻袋、竹席等。也有用木桶、硬纸箱包装的。

第三,同一地区的烟包装必须规格一致,包重一般有60和50千克两种。体积分别为:40厘米×65厘米×85厘米,40

厘米×60厘米×80厘米。桶装净重为200千克。

第四，成包时，烟把基部向两侧靠紧，排列整齐，依次压实。包体牢固，端正，规格一致。

（二）标志：由于商品烟叶的经营过程比较繁杂，必须标明：①产地：注明省份及县份。②烟叶类型及等级，等级要大写。③重量：要注明净重和毛重。④时间：要注明商品生产的时间，包括年份和月份（一般只注明年份）。⑤采购单位或用户名称。⑥按国家标准规定注明代号。熄火烟在等级后面加上“S”符号，轻微霉变烟应加注“M”字样，底脚叶单独成包时加“D”说明。

注：熄火烟检验：每张叶片横向取其中部1/3（即除去叶尖部和叶基各1/3），再横向平均剪成3条块，分别在明火上点燃后，吹熄火焰，同时计阴燃时间。3块中有两块阴燃时间少于2秒者即为熄火烟。

$$\text{熄火率}(\%)=\frac{\text{熄火叶片数}}{\text{检验总叶数}}\times 100\%$$

（三）运输和保管：运输前认真检查，做到等级、件数无误，标记清晰。运输过程中要防雨、防晒，包严盖好。装卸时小心轻放，不钩包、摔包。不得与油污、异味物品、有毒物品同运。保管过程要经常防虫、防霉。仓库应通风、低温、防潮、防虫、防霉。露天堆放要有遮盖物。烟包下面有垫木。堆不宜过高，防止出油降低烟叶品质。四周、地面应保持30厘米距离。初烤烟，上等烟堆放高度不大于4个烟包，中等烟不大于5个烟包，其他各级不大于6个烟包。复烤烟不超过7个包。

第三节 40级制国家烤烟分级标准

一、分组 选用部位、颜色、性质用途为分组因素。

（一）部位分组：将部位分为上部、中部、下部3组。

（二）颜色分组

1. 基本色组：依颜色深浅分：柠檬黄、橘黄、红棕黄。

柠檬黄：烟叶表面呈现纯正的黄色，习惯认为处在淡黄～正黄色域内。

橘黄：叶表面以黄色为主，并表现出较明显的红色，习惯认为处在金黄～深黄色域内。

红棕黄：包括橘红、浅红棕和红棕色，习惯认为处在红黄和棕黄色域内。这里所指的红棕色是基本色，是指正常生长、调制所形成的烟叶颜色，那些因调制不当或其他原因造成的红色、棕色，如烤红、潮红等不能视为红棕色。

2. 非基本色组

(1)杂色组：任何杂色面积与全叶片面积之比达20%以上的均视为杂色。

(2)青黄烟组：任何黄色烟上含有任何可见的青色，但不超过三成。

(3)微带青组：指黄色烟叶上，叶脉带青或叶片微浮青面积在10%以内者。青筋和微浮青10%不能同时存在，即含青程度为微浮青，面积不超过10%。

（三）性质用途分组

1. 完熟叶组：该组叶主要产于上二棚以上部位，烟叶达到高度的成熟或充分成熟，油分趋于缺乏，烟质干燥，以手触摸有干燥感，叶面皱褶，颗粒多，有成熟斑，叶色深。闻起来有明显的发酵烟的香甜味，手摇时可听到干燥的“嘶嘶”声。这种烟一般数量不多，美国每年产量仅为总产量的0.2～2%，我国在目前不十分注重成熟度的生产水平下，完熟叶更少。

2. 光滑叶组：指烟叶组织平滑或僵硬。光滑叶产生的主要原因是光照不足，叶片生长不良，成熟度较差，叶片细胞未能正常发育，导致细胞小，排列紧密，无孔度，内含淀粉多，烟碱低。光滑叶特征是表面平滑或僵硬，无颗粒，手摸似塑料或牛皮纸的感觉，吸湿性差。光滑面积占全叶20%以上（含20%）的烟叶均称为光滑叶。这类烟叶多产于中下部。

综合运用以上分组因素，40级标准中分为下部柠檬黄、橘黄色组；中部柠檬黄、橘黄色组；上部柠檬黄、橘黄、红棕色组及完熟叶组，共8个正组。另外分中下部杂色、上部杂色、光滑叶、微带青、青黄色5个副组。总共13个组。部位分组特征见表9-3。

表9-3 部位分组特征

组别	部位特征（注）			颜色
	脉相	叶相	厚相	
下部	较细	较宽圆	薄至稍薄	多柠檬黄色
中部	适中，遮盖至微露，叶尖处稍弯曲	宽至较宽，叶尖部较钝	适中至稍厚	多橘黄色
上部	较粗到粗，较显露到突起	稍窄至窄	稍厚至厚	多橘红、红棕色

注：在特殊情况下，部位划分以脉相、叶形为依据

二、分级 根据烟叶的成熟度、叶片结构、身份、油分、色度、长度、残伤等7个外观品级因素划分级别。分为下部柠檬黄色4个级、橘黄色4个级，中部柠檬黄色3个级、橘黄色3个级，上部柠檬黄色4个级、橘黄色4个级、红棕色3个级，完熟叶2个级，中下部杂色2个级，上部杂色3个级，光滑叶2

个级，微带青4个级，青黄色2个级，共40个级。

（一）品级要素：每个因素划分成不同的程度档次，和有关的其他因素相应的程度档次相结合，以勾画出各等级的质量状况，确定各等级的相应价值。品级要素的档次见表9-4。

表9-4 品级要素及程度档次

品级要素		程度档次				
		1	2	3	4	5
品质因素	成熟度	完熟	成熟	尚熟	欠熟	假熟
	叶片结构	疏松	尚疏松	稍密	紧密	—
	身份	中等	稍薄、稍厚	薄、厚	—	—
	油分	多	有	稍有	少	—
	色度	浓	强	中	弱	淡
	长度(厘米)	45	40	35	30	25
控制因素	破损	以百分比表示				
	残伤	以百分比表示				

（二）各等级品质规定：见表9-5。

表9-5 品质规定

组	别	级别	代号	成熟度	叶片结构	身份	油分	色度	长度(厘米)	残伤(%)
下部(X)	柠檬黄(L)	1	X1L	成熟	疏松	稍薄	有	强	40	10
		2	X2L	成熟	疏松	薄	有	中	35	20
		3	X3L	成熟	疏松	薄	稍有	弱	30	25
		4	X4L	假熟	疏松	薄	少	淡	25	30
	橘黄(F)	1	X1F	成熟	疏松	稍薄	有	强	40	10
		2	X2F	成熟	疏松	稍薄	有	中	35	20
		3	X3F	成熟	疏松	稍薄	稍有	弱	30	25
		4	X4F	假熟	疏松	薄	少	淡	25	30

续表 9-5

组	别	级别	代号	成熟度	叶片结构	身份	油分	色度	长度(厘米)	残伤(%)
中部(C)	柠檬黄(L)	1	C1L	成熟	疏松	中等	多	浓	45	5
		2	C2L	成熟	疏松	稍薄	有	强	40	10
		3	C3L	成熟	疏松	稍薄	有	中	35	20
	橘黄(F)	1	C1F	成熟	疏松	中等	多	浓	45	5
		2	C2F	成熟	疏松	中等	有	强	40	10
		3	C3F	成熟	疏松	中等	有	中	35	20
上部(B)	柠檬黄(L)	1	B1L	成熟	尚疏松	中等	多	浓	45	5
		2	B2L	成熟	稍密	中等	有	强	40	10
		3	B3L	成熟	稍密	中等	稍有	中	35	20
		4	B4L	成熟	紧密	稍厚	稍有	弱	30	25
	橘黄(F)	1	B1F	成熟	尚疏松	稍厚	多	浓	45	5
		2	B2F	成熟	稍密	稍厚	有	强	40	10
		3	B3F	成熟	稍密	稍厚	有	中	35	20
		4	B4F	成熟	紧密	厚	稍有	弱	30	25
	红棕(R)	1	B1R	成熟	稍密	稍厚	有	浓	45	5
		2	B2R	成熟	稍密	稍厚	有	强	40	15
		3	B3R	成熟	紧密	厚	稍有	中	35	25
完熟叶(H)		1	H1F	完熟	疏松	中等	稍有	强	40	10
		2	H2F	完熟	疏松	中等	稍有	中	35	25
杂色(K)	中下部(CX)	1	CX1K	尚熟	疏松	稍薄	有	—	35	20
		2	CX2K	欠熟	尚疏松	薄	少	—	25	25
	上部(B)	1	B1K	尚熟	稍密	稍厚	有	—	35	20
		2	B2K	欠熟	紧密	厚	少	—	30	30
		3	B3K	欠熟	紧密	厚	少	—	—	35

续表 9-5

组别		级别	代号	成熟度	叶片结构	身份	油分	色度	长度(厘米)	残伤(%)
光滑叶(S)		1	S1	欠熟	紧密	稍薄、稍厚	有	—	35	10
		2	S2	欠熟	紧密	—	少	—	30	20
微带青(V)	下二棚		X2V	尚熟	疏松	稍薄	有	中	35	10
	中部		C3V	尚熟	疏松	中等	多	强	40	10
	上二棚		B2V	尚熟	尚疏松	稍厚	多	强	40	10
			B3V	尚熟	稍密	稍厚	有	中	35	10
青黄色(GY)		1	GY1	尚熟	尚疏松至稍密	稍薄、稍厚	有	—	35	10
		2	GY2	欠熟	稍密至紧密	稍薄、稍厚	稍有	—	30	20

注:(1)中下部杂色 1 级(CX1K)限于腰叶、下二棚部位,且各品级因素要达到该级要求

(2)上部杂色 1 级(B1K)限于上二棚部位

(3)光滑叶 1 级(S1)限于腰叶,上、下二棚部位

(4)青黄 1 级限于腰叶、上、下二棚部位且含青二成以下的烟叶

(5)青黄 2 级含青三成以下者

(6)H 组中 H1F 应为橘黄色,H2F 包括橘黄和红棕色

(7)中部微带青质量低于 C3V 的烟叶可列入 X 2V定级。达不到 X 2V放入 GY 定级

(三)40 级制标准中的品级因素档次判断:各品级因素的外观判断,可参照前述内容,但这里的运用应为重点,由于同一品级因素与前述(15 级)所含内容不同,所以分级时要正确运用。

1. 成熟度(Maturity):指调制后烟叶的成熟程度(包括田间和调制后成熟度),成熟度划分为下列档次。

(1)完熟(Mellow):指上部烟叶在田间达到高度的成熟,

且调制后熟充分。

(2)成熟(Ripe):烟叶在田间及调制后熟均达到充分成熟。

(3)尚熟(Mature):烟叶在田间刚达到成熟,生化变化尚不充分或调制失当后熟不够。

(4)欠熟(Unripe):烟叶在田间未达到成熟。

(5)假熟(Premature):泛指脚叶,外观似成熟,但未达到真正成熟。

2. 叶片结构(Leaf structure):指烟叶细胞的疏密程度,分为下列档次:

(1)疏松(Open)

(2)尚疏松(Firm)

(3)稍密(Close)

(4)紧密(Tight)

3. 身份(Body):指烟叶厚度、密度或单位面积的重量。以厚度表示,分下列档次:

(1)薄(Thin)

(2)稍薄(Less Thin)

(3)中等(Medium)

(4)稍厚(Fleshy)

(5)厚(Heavy)

4. 油分(Oil):烟叶含有的一种柔软半液体物质,根据其含量的多少,分下列档次:

(1)多(Rich):含油分丰富,表观油润。

(2)有(Oily):含油分尚多,表观有油润感。

(3)稍有(Less Oily):油分较少,表观尚有油润感。

(4)少(Lean):油分贫乏,表观无油润感。

5. 色度:(Color intensity):指烟叶表面颜色的饱和程度,分下列档次:

(1)浓(Deep):叶表面颜色均匀,色泽饱和。

(2)强(Strong):颜色均匀,饱和度略逊。

(3)中(Moderate):颜色尚匀,饱和度一般。

(4)弱(Weak):颜色不匀,饱和度低。

(5)淡(Pale):颜色不匀,色泽淡薄。

6. 长度(Length):从叶片主脉柄端至尖端间的距离,以厘米表示。

7. 残伤(Waste):烟叶组织受破坏,失去成丝的强度和坚实性,使用价值极度低下,以百分数表示。

8. 破损(Injury):叶片受到损伤,失去的完整度,以百分数表示。

9. 颜色(Color):同一型烟叶经调制后烟叶的相关色彩、色泽饱和度和色值的状态。分下列颜色:

(1)柠檬黄色(Lemon):烟叶表观全部呈现黄色或微现不明显的红色,在习惯称呼的淡黄、正黄色色域内。

(2)橘黄色(Orange):烟叶表观呈现橘红色,在习惯称呼的金黄色、深黄色色域内。

(3)红棕色(Red):烟叶表观呈现红色或浅棕黄色,在习惯称呼的红黄、棕黄色色域内。

10. 微带青(Greenish):指黄色烟叶上叶脉带青或叶片含微浮青面积在10%以内者。

11. 青黄色(Green):指黄色烟叶上含有任何可见的青色,且不超过三成者。

12. 光滑(Slick):指烟叶组织平滑或僵硬。任何叶片含平滑或僵硬面积超过20%者,均列为光滑叶。

13. 杂色(Variegated):指烟叶表面存在的非基本色颜色斑块(青黄烟除外),包括轻度洇筋、蒸片及局部挂灰、全叶受污染、青痕较多、严重烤红、潮红、受蚜虫损害叶等。凡杂色面积达到或超过 20%者,均视为杂色叶片。

14. 颜色代号 :分级中的颜色用下列代号表示:L—柠檬黄色、F—橘黄色、R—红棕色、K—杂色、V—微带青、GY—青黄色。

15. 分组代号:分组以下列代号表示:CX—中下部(Cutters or Lugs),B — 上部(Leaf),H—完熟(Smoking Leaf),C—中部(Cutters),X—下部(Lugs),S—光滑叶组 (Slick)。

三、验收规则

第一,定级原则。烤烟的成熟度、叶片结构、身份、油分、色度、长度都达到某些要求时,才定为某级,破损、残伤为控制指标,长度不得低于规定,破损、残伤不得超过规定的百分数。

第二,最终级的确定。当重新检验时与已确定之级不符,则原定级无效。

第三,一批烟叶介于两种颜色的界限上,则视其他品质适当定色定级。

第四,一批烟叶在两个等级界限上,则定较低等级。

第五,设一批烟叶品级因素为 B 级,其中一个因素低于 B 级规定则定 C 级;一个或多个因素高于 B 级,仍为 B 级。

第六,青片、霜冻烟叶、火伤、火熏、异味、霉变、掺杂、水分超限等均为不列级。

第七,中部叶短于 35 厘米者在下部叶组定级。

第八,杂色面积超过 20%的烟叶,在杂色组定级。

第九,杂色面积小于 20%的烟叶,允许在正组定级,但杂色与残伤相加之和不得超过相应等级的残伤百分数,超过者定为下一级；杂色与残伤之和超过该组最低等级残伤允许度者，可在杂色组内适当定级。

第十，褪色烟在光滑叶组定级。

第十一，基本色影响不明显的轻度烤红烟，在相应部位、颜色组别二级以下定级。

第十二，破损的计算以一把烟内破损总面积占烟实有总面积的百分数；每张叶片的完整度必须达到50%以上，低于50%者列为级外烟。

第十三，凡列不进标准级但尚有使用价值的烟叶，可视作级外烟。收购部门可根据用户需要决定是否收购。

四、验收规格

（一）烟叶水分：一般初烤烟水分要求16～18%（其中4～9月份掌握在16～17%），复烤烟11～13%。

（二）砂土率：自然砂土率各等级初烤烟均不超过1.1%，复烤烟不超过1%。

（三）破损率和纯度误差：中部橘黄（C1F、C2F、C3F）、柠檬黄1、2级（C1L、C2L），上部橘黄1、2级（B1F、B2F）、柠檬黄1级（B1L）、红棕1级（B1R），完熟叶1级（H1F）破损率和纯度误差均控制在10%。中部柠檬黄3级（C3L），下部橘黄1、2、3级（X1F、X2F、X3F）、柠檬黄1、2级（X1L、X2L），上部橘黄3、4级（B3F、B4F）、柠檬黄2、3级（B2L、B3L）、红棕2、3级（B2R、B3R），完熟叶2级（H2F），下二棚微青色（X2V），中部微青色（C3V），上二棚微青色（B2V、B3V），光滑叶1级（S1）破损率和纯度误差分别控制在15%和20%。上部柠檬黄4级（B4L），下部柠檬黄3、4级（X3L、X4L）、橘黄4级（X4F），光滑叶2级（S2），中下部杂色1、2级（CX1K、CX2K），上部杂色1、2、3级（B1K、B2K、B3K），青黄色（GY1、GY2）破损率和纯度误差分别控制在30%和20%。

(四)扎把:规格要求为自然把,每把25~30片叶,把头周长100~120毫米,绕宽50毫米。

五、检验方法

第一,按照15级制进行检验。

第二,出口供货可按供需双方协议规定的方法进行。

第三,实物样品是检验和验级的凭证之一,一经双方确认,即为验货的依据。

六、包装、标志、运输、保管

(一)包　装

第一,每包(件)烤烟必须是同一产区、同一等级。供需交接时,每包(件)自然碎片不得超过3%。

第二,包装用的材料必须牢固、干燥、清洁、无异味、无残毒。

第三,包(件)内烟把应排列整齐,循序相压,不得有任何杂物。

第四,包装类型。分麻布包装和纸箱包装两种:①麻布包装。每包净重分50、60千克两种,成包体积50千克为40厘米×60厘米×80厘米,60千克为40厘米×65厘米×85厘米;②纸箱包装。每箱净重200千克,内径规格1 097毫米×672毫米×705毫米,外径规格1 115毫米×690毫米×725毫米。

(二)标　志

第一,必须字迹清晰,包内要放标志卡片。

第二,标志内容:①产地;②级别(大写及代号);③重量;④产品年、月;⑤供货单位名称。

第三,包件的四周应注明级别及其代号

(三)运　输

第一，运输包件时，上面必须有遮盖物，包严、盖牢、防日晒和受潮。

第二，不得与有异味和有毒物品混运，有异味和污染的运输工具不得装运。

第三，装卸必须小心轻放，不得摔包、钩包。

（四）保　管

1. 垛高：麻袋包装初烤烟 1～2 级（不含副组 2 级）不超过 5 个包高，3～4 级不超过 6 个包高，复烤烟不超过 7 个包高，硬纸箱包装不受此限。

2. 场所：必须干燥通风，地势高，不靠火源和油库。

3. 包位：须置于距地面 300 毫米以上的垫木上，距房墙至少 300 毫米。

4. 不得与有毒物品或有异味物品混运。

5. 露天堆放：四周必须有防雨、防晒遮盖物，封严。垛底需距地面 300 毫米以上，垫木（石）与包齐，以防雨水侵入。

6. 安全：存贮期须防潮、防霉、防虫，定期检查，确保商品安全。

七、40 级制国家烤烟标准的优点

第一，更加合理地分清了烟叶质量，按部位、颜色分组后，又以性质、用途进行分组，纯化了同一组内的烟叶质量，比较接近先进国家标准，适应了对外出口的需要。

第二，促进了三化生产水平的提高，解决了成熟度好，颜色偏深，光泽稍暗，有较多成熟斑，甚至有不同程度赤星病斑烟叶的问题。这部分烟叶的质量较高，放宽了对病斑和光泽的要求。

第三，便于分级操作，易于被烟农接受。烟农反映，听起来难，做起来易。组数，级数增多，级差缩小，便于掌握。

第四，级差小且合理，避免争级争价，确保收购秩序。

第五，在规范化种植水平提高的基础上，烟农收入明显提高。

八、推行 40 级制国家烤烟标准应注意的问题

第一，三化生产水平低的地方不宜推行。据粗略估计，我国达到三化生产要求的烟田面积仅有 30～40％。若急于推广实行则事与愿违。

第二，三化生产水平高的地区，推行 40 级制时，应停止 15 级制的收购，防止两个标准交错。

第三，卷烟配方结构未改变以前，不要急于全面推行。

第四，加强组织领导，做好技术培训，才能比较好地推行。

主要参考文献

1. 中国农业科学院烟草研究所:《中国烟草栽培学》 上海科技出版社 1987年

2. 轻工业部烟草工业科学研究所:《烤烟栽培》 轻工业出版社 1981年

3. 云南烤烟研究所:《云南烤烟栽培与烘烤》 云南人民出版社 1974年

4. 贵州烟草研究所:《贵州烟草栽培》 贵州人民出版社 1979年

5. 河南烟草研究所:《烟草》 河南科技出版社 1983年

6. 北京农业大学:《肥料手册》 农业出版社 1979年

7. 訾天镇 郭月清:《烟草栽培》 河南科技出版社 1985年

8. 宫长荣等:《烤烟烘烤理论与实践》 农业出版社 1991年

9. 谈文等:《烟草病理学》 河南科技出版社 1989年

10. 赵献章:《中国烟叶分级》 中国科技出版社 1991年

11. 杨铁钊:《烟草育种学》 河南科技出版社 1990年

12. 中国烟草总公司、美国烟草协会:《烟叶质量与标准》(美国烟叶分级标准训练班教材)

13.《中国烟草》1980～1991年各期 1992年第一期

14.《烟草科技》1980～1991年各期

15.《河南省烟草优稳低科学研究》1985～1991年总结材料

（第4版） 36.00
农药识别与施用方法（修订版） 10.00
常用通用名农药使用指南 27.00
植物化学保护与农药应用工艺 40.00
农药剂型与制剂及使用方法 18.00
简明农药使用技术手册 12.00
生物农药及使用技术 9.50
农机耕播作业技术问答 10.00
鼠害防治实用技术手册 16.00
白蚁及其综合治理 10.00
粮食与种子贮藏技术 10.00
北方旱地粮食作物优良品种及其使用 10.00
粮食作物病虫害诊断与防治技术口诀 14.00
麦类作物病虫害诊断与防治原色图谱 20.50
中国小麦产业化 29.00
小麦良种引种指导 9.50
小麦标准化生产技术 10.00
小麦科学施肥技术 9.00
优质小麦高效生产与综合利用 7.00
小麦病虫害及防治原色图册 15.00
小麦条锈病及其防治 10.00
大麦高产栽培 5.00
水稻栽培技术 7.50
水稻良种引种指导 23.00
水稻新型栽培技术 16.00
科学种稻新技术(第2版) 10.00
双季稻高效配套栽培技术 13.00
杂交稻高产高效益栽培 9.00
杂交水稻制种技术 14.00
提高水稻生产效益100问 8.00
超级稻栽培技术 9.00
超级稻品种配套栽培技术 15.00
水稻良种高产高效栽培 13.00
水稻旱育宽行增粒栽培技术 5.00
水稻病虫害诊断与防治原色图谱 23.00
水稻病虫害及防治原色图册 18.00
水稻主要病虫害防控关键技术解析 16.00
怎样提高玉米种植效益 10.00
玉米高产新技术(第二次修订版) 12.00

以上图书由全国各地新华书店经销。凡向本社邮购图书或音像制品，可通过邮局汇款，在汇单“附言”栏填写所购书目，邮购图书均可享受9折优惠。购书30元(按打折后实款计算)以上的免收邮挂费，购书不足30元的按邮局资费标准收取3元挂号费，邮寄费由我社承担。邮购地址：北京市丰台区晓月中路29号，邮政编码：100072，联系人：金友，电话：(010)83210681、83210682、83219215、83219217(传真)。